MT 건축학

Map of Teens

강동대학 마광옥 교수 지음

청어람장서가

시리즈를 발간하며

대학입시에 대한 관심이 우리나라처럼 높은 곳도 없을 것이다. 하지만 대학에 대한 많은 관심에도 불구하고, 막상 대학에 가서 무엇을 배우는지에 대해서는 학생과 학부모 모두 구체적으로 모르고 있는 것 같다. 이는 대학교육의 실질적 내용보다는 대학졸업장 취득여부에만 큰 관심을 기울이는 세태의 반영일 수도 있지만, '대학 가는 것'을 인생의 중요한 목표로 삼고 있는 중ㆍ고등학생들에게 대학의 교육내용을 쉽고 친절하게 설명해 주는 자료가 없었기 때문일 것이다.

〈나의 미래 공부〉시리즈 Map of Teens는 중ㆍ고등학생들의 후회 없는 선택과 성공적인 공부를 위해 기획되었다. 자신의 삶을 크게 테두리 지을 대학의 각 분야별 공부가 구체적으로 어떤 것인지 스스로 읽고 판단하는 데 도움이 될 것이다. 이것이 내가 정말로 하고 싶은 것인지, 잘 할 수 있을 것인지를 스스로 또는 부모님, 선생님과 함께 고민하고 결정할 수 있게 만들어 줄 것이다. 아직 자신의 적성을 모른다면, 이 시리즈에 포함된 다양한 공부의 길들을 비교해보면서 역으로 자신의 흥미와 열정을 발견할 수도 있을 것이다.

대학의 다양한 학문들이 무엇을 배우고 연구하는지를 아는 것은 단지 '나의 선택'만을 위해 중요한 것은 아니다. 사회의 다른 구성원들이 무엇을 공부하는지 아는 것도 매우 중요한 일이다. 사회의 범위가 지구촌으로 확대되고 있는 지금, 나의 이웃들이 무엇에 관심을 가지고 공부하고 있는가를 아는 것은 우리 모두의 공동 번영을 위해 필수적일 수밖에 없다. 이런 경향을 반영하듯 각 학문들은 서로의 분야를 넘나들며 융합되고 있고, 대학에서 한 가지 전공만을 공부한다는 것은 이제 지난날의 일이 되었다. 사회에서 요구하는 인재상도 멀티플전공으로 바뀌고 있다 우리가 자신만의 전문성을 가지되 다양하고 폭넓은 공부를 해야 되는 이유가 여기에 있다.

〈나의 미래 공부〉시리즈 Map of Teens는 이러한 시대적 요청에 충실하면서도, 수많은 학문들의 내용을 자세히 들여다 볼 시간이 없는 독자들을 위해 각 분야의 핵심을 한눈에 알아볼 수 있도록 요약하려고 노력하였다. 여기에는 각 해당 분야 전공자들의 많은 노력이 숨어 있다. 오랜 시간 축적돼온 각 학문의 내용들과 새롭게 추가되는 연구 성과들을 가능하면 우리 실생활과 연관시켜 쉽고 재미있게 설명하기 위해 고심한 필자들의 노고에 감사드린다. 이 시리즈가 중 · 고등학생들이 미래를 찾아가는 학문 여행에 꼭 필요한 지도가 되길 바라며, '나만의 미래 공부'를 찾아 여행을 떠나보자.

2012년 8월
시리즈 기획위

국문학 | 영문학 | 중문학 | 일문학 |
문헌정보학 | 문화학 | 종교학 | 철학 |
역사학 | 문예창작학

Map of Teens

여행을 떠나기 전
학과 지도를 펼쳐보자

세상은 넓고 학과는 많다.
학과에 대한 호기심과 나에 대해 알아보려는 의지만 있으면 여행 준비 끝!
자, 이제부터 나의 미래를 찾기 위해 힘차게 떠나보자!
놀라운 학과 세계와 지적 모험이 여러분을 기다리고 있을 것이다.

사회계열

심리학 | 언론홍보학 | 정치외교학 | 사회학 | 행정학 | 사회복지학 | 부동산학 |
경영학 | 경제학 | 관광학 | 무역학 | 법학 | 행정학

예체능계열

영화학 | 음악학 | 디자인학 | 사진학 |
무용학 | 조형학 | 공예학 | 체육학

교육계열

교육학 | 교육공학 | 유아교육학 | 특수교
육학 | 초등교육학 | 언어교육학 | 사회교육
학 | 공학교육학 | 예체능교육학

공학계열

생명공학 | 기계공학 | 전기
공학 | 컴퓨터공학 | 신소재
공학 | 항공우주공학 | 건축
학 | 조경학 | 토목공학 | 제
어계측학 | 자동차학 | 안경
광학 | 에너지공학 | 환경공
학 | 화학공학

의약계열

의학 | 한의학 | 약학 | 수의학 | 치의학 | 간
호학 | 보건학 재활학

물리학 | 화학 | 천문학 | 수학 | 통계학 | 식품
영양학 | 의류학 | 지리학 | 생명과학 | 환경과
학 | 원예학

자연계열

건물과 인간의 소통을 꿈꾸는 건축학

인간은 태어나서 죽을 때까지 대부분의 생활을 건물에서 하게 된다. 건물 안에서 태어나, 건물과 함께 숨 쉬고, 건물 속에서 눈을 감는다. 그만큼 건축은 인간의 생활과 밀접한 관계를 맺고 있다. 즉 건축학이란 건물은 물론 그 안과 밖에서 일어나는 모든 인간생활을 포괄하는 학문이다.

여러분은 건축에 대해 얼마나 알고, 얼마나 즐기고 있는가? 윈스턴 처칠은 타임지와 회견을 하면서 '우리가 건축을 만들지만, 그 건축이 다시 우리를 만든다'라고 말했다. 바꾸어 말하면, 좋은 건축은 좋은 삶을 만들지만 그렇지 않은 건축은 나쁜 삶을 만들 수밖에 없다는 것이다. 미술과 음악은 싫으면 멀리하면 되지만 건축은 항상 마주할 정도로 우리의 삶과 밀접하게 닿아있다. 이렇게 우리는 건물과 함께 생활하고 있지만 불행하게도, 그 건물 중 좋은 건축이라 부를 수 있는 것은 일부에 지나지 않는다.

건축을 어느 정도 이해하고, 즐기게 된다면 여러분의 정당한 권리로 더욱 좋은 건축을 갈망하고 요구하게 될 것이다. 그래서 우리는 건축을 전공하지 않더라도 생활 속에서 좋은 건축을 즐기기 위해 관심을 가져야 한다. 건축은 아는 만큼 보이는 것이 아니라 관심을 갖는 만큼 보이고 알게 된다.

우리가 건축에 관심을 갖기 위해서는 먼저, 건축은 누가 하는 것이고, 좋은 건축은 무엇인가 하는 의문을 가져야 한다. 또한, 건축을 즐기기 위해서는 많은 건축적 개념의 이해가 필요한 것도 사실이다. 하지만 이미 우리 삶에 녹아있는 생활의 경험에서 얻어진 지식으로도 건축에 관심을 기울이고 어느 정도 즐기는 데는 무리가 없다.

우리가 관심을 가지고 건축에 대하여 생각한다는 것은 인간의 생활에 대하여 생각하는 것이고, 곧 나의 미래에 대하여 생각하는 것이다. 이러한 관점에서 이 책은 전문서라기보다 건축을 처음 접하는 학생은 물론, 건축을 전공하고 미래의 직업으로 선택하려는 학생에게 건축을 폭넓게 이야기하는 안내서에 가깝다. 건축의 여러 분야의 전문성보다는, 건축이란 무엇인가에 초점을 맞추어 대학에서 수업하는 많은 교과과목에 대한 전반적인 이해를 돕기 위하여 각 과목의 건축역할을 소개했다.

건축의 영역은 바다와 같이 넓다. 100명의 건축가가 있으면 100개의 건축학이 있다고 할 수 있다. 그래서 건축이 더욱 재미있다. 다소 미비한 점이 있으나 미래를 고민하는 학생들에게 흥미가 끊이지 않는 건축의 세계로 인도해 주는 작은 배가 되었으면 하는 바람이다.

2012년 8월

저자 마광옥

CONTENTS

교수님과 함께 떠나는 건축학 여행

건축학 여행을 위한 기초 지식

네 가지 질문 고개를 넘어 건축물을 완성해 보자

역사로 보는 건축 이야기

건축학 미래를 상상하다

마 교수님의 학문 이야기 ··· 218

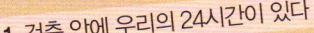

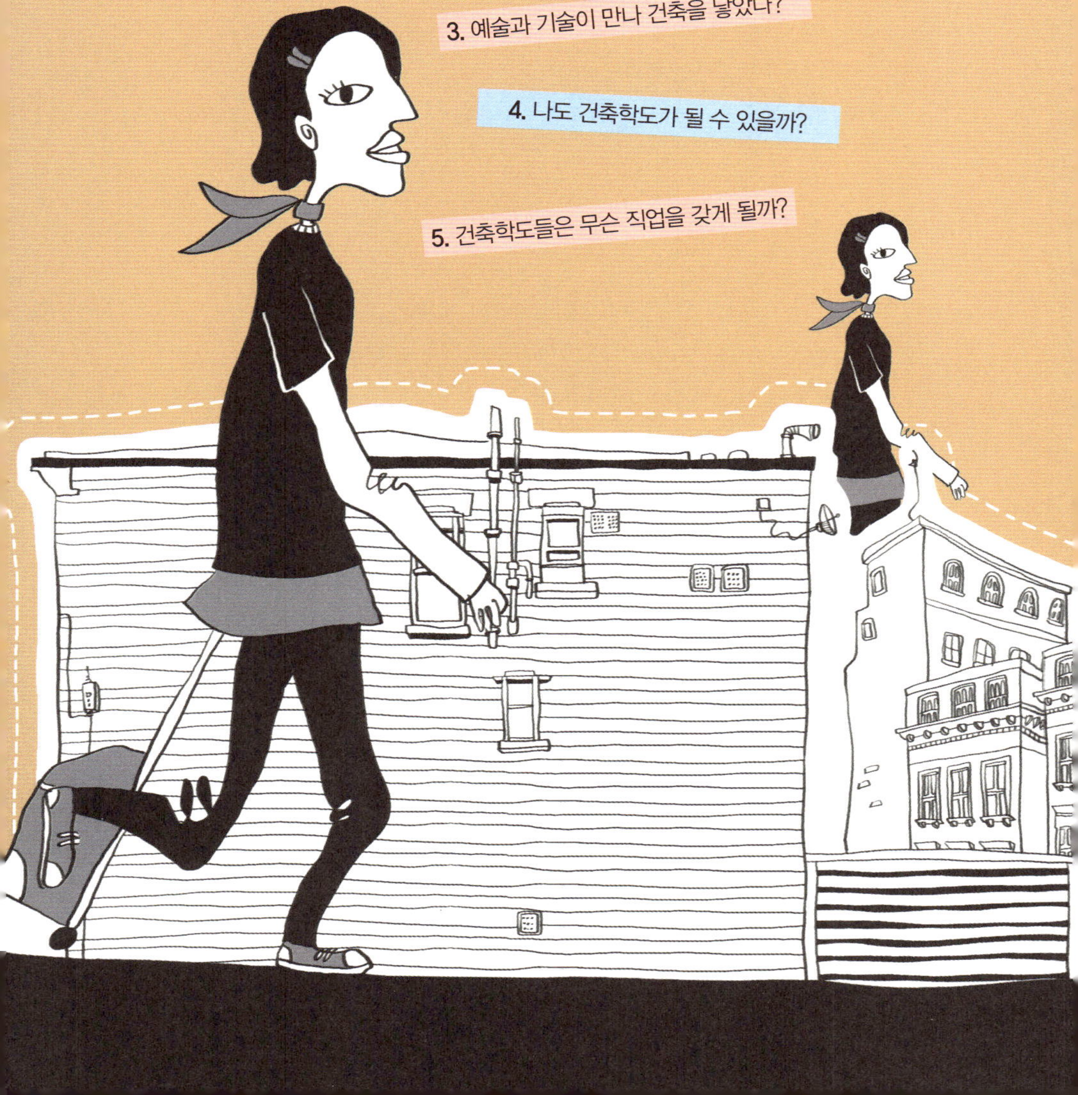

교수님과 함께 떠나는 건축학 여행

건축 안에
우리의 24시간이 있다

오늘은 일요일. 아침 일찍 교회에 갔다가 친구들과 광화문에서 만나기로 했다. 먼저 서점에 가서 책을 산다. 일요일이라 사람이 많다. 날씨가 좋아 길 건너 세종문화회관 뒤에 있는 분수대에서 도시락을 먹는다. 경복궁은 아직도 공사 중이다. 이순신 장군이 늠름하게 서있는 세종로를 지나 청계천까지 걸어가 본다. 곧 이곳도 잔디로 덮인다고 한다.

> 건축은 우리가 알고 있던 건물과는 달리 물리적, 사회적 환경을 포함한 인간의 모든 생활을 담고 있는 그릇이라고 할 수 있다.

오늘 내가 있었고 보았던 모든 공간 즉, 교회, 서점, 세종문화회관, 경복궁, 청계천 등이 모두 건축물이다. 이처럼 우리는 대부분의 시간을 건물 속에서 보내고 있다.

건물은 인간의 삶에서 중요한 생존 요소인 의식주 중에 하나이다. 그러나 우리는 일상생활에서 옷과 음식에 해

당하는 '의'와 '식'에는 익숙해 있으면서 '주'에 해당하는 건물에는 쉽게 다가가지 못한다. 왜냐하면 일상에서 건물의 외형만을 볼 뿐, 그 뒤에 가려진 '건축'을 보지 못하기 때문이다. 건축은 단순히 건물로서의 집, 학교, 교회, 미술관이 아니다. 집은 가정의 생활을 담고, 교회는 종교의식을 담고, 학교는 교육활동을 담고, 미술관은 미술행사를 담는 것이 건축이다. 이처럼 건축은 우리가 알고 있던 건물과는 달리 물리적, 사회적 환경을 포함한 인간의 모든 생활을 담고 있는 그릇이라고 할 수 있다.

또한, 건축을 가리켜 시대의 거울이라고도 한다. 건축을 통하여 그것이 지어졌던 시대의 사회와 풍속 그리고 문화를 알 수 있기 때문이다.

상식박스

건물과 건축의 차이점

인간이 만든 구조물을 건물이라 한다. 반면에 건축은 건물을 만들기 위한 작가의 생각과 의지, 나아가 구축기술까지 포함한 일련의 과정을 말한다. 여기서 작가란 건축가를 말하며, 생각이나 의지란 건축의 시대성과 공공성을 반영한 건축가의 공간구성 의도나 조형의지를 나타낸다.

이러한 시대성을 반영하는 건축은 개체로서의 건축물이기 이전에 그 주변의 환경적 요소들과 조화하므로 개인 소유의 의미보다는 사회, 문화적인 존재로 생각해야 한다.

시대성과 공공성이 겸비된 건축 환경은 우리의 삶을 더욱 풍요롭고 여유롭게 할 것이다. 바람직한 행동이 일어나는 사회 환경으로 발전할 수 있을 것이며, 자연의 일부분으로 자연과 소통하며 인간의 삶을 담아내는 문화의 한 부분이기도 하다.

건축 안에 한 나라의 문화가 있다

건축을 이야기할 때 우리는 보통 유럽이나 한국의 전통문화를 예로 든다. 유럽 여행을 하며 아름다운 자연경관에 놀라기도 하지만, 자연과 투쟁하며 쌓아 올린 성당이나 박물관, 고층빌딩 등의 유명 건축물을 보고 감동을 받는다. 또한 한국의 전통문화 중 자연과 조화롭게 지어져 있는 건축물에서 우리 선조들의 자연사상과 삶의 문화를 읽을 수 있다. 이렇듯 우리가 역사와 문화를 이야기할 때 도시와 건축은 늘 비중 있는 자리를 차지한다.

그러나 최근까지는 우리나라 문화유산과 문화시설만을 문화 환경으로 간주했다. 자연 환경과 도시 건축 환경이 매우 중요한 문화 환경의 일부라는 점을 외면하였던 것이다. 사실, 문화라고 하면 예술을 떠올린다. 하지만 예술이라고 하면 왠지 어렵게 느껴진다. 문화와 예술이 우리에게 교훈과 감동을 주지 못한다면 그 의미는 중요하지 않을 것이다. 또한 감동은 주지만 우리가 그것을 즐기지 못한다면 훌륭한 문

루브르 박물관의 외부와 내부 벽화

화나 예술이라 할 수 없을 것이다. 이러한 문화를 삶의 양식으로 규정할 때 건축은 예술로서 문화에 속하는 것이 아니라 인간의 삶을 담는 형식으로 문화의 영역에 속하게 된다. 또한 문화를 공간 환경으로 이해할 때 건축은 가장 큰 영역을 담당하게 된다.

오늘날 세계인들의 이목을 끄는 아름답고 품격 높은 건축물은 우리에게 감동을 준다. 그것은 그 나라, 그 도시, 그 건축에서만 경험할 수 있다. 그래서 우리는 건축물이 어떤 나라와 어떤 도시 그리고 어떤 문화를 상징한다고 말한다. 이것은 민족과 국민들의 자부심이 된다.

예를 들면 1997년 스페인의 빌바오는 구겐하임 미술관을 유치하여 세계적인 문화관광도시가 되었다. 쇠락한 철강도시를 살아 숨 쉬는 도시, 건축문화의 메카로 변신시켰고 엄청난 경제적 효과를 거두었다. 일본의 구마모토현은 구마모토 아트폴리스로 지역 이미지를 혁신하고 또한 관광을 증진시켜 세계적인 관심을 모았다. 새로운 콘셉트의 마을 만들기 프로젝트인 구마모토 아트폴리스는 구마모토현의 풍부한 자원과 역사 풍토를 살려 건축물을 만들어 간다. 프랑스는 문화강국의 이미지를 강화하기 위하여 미테랑 대통령 재임 시 대형국가 프로젝트를 추진했다. 신개선문, 신루브르 박물관, 라빌레뜨 공원 등을 건설하고, 역사적인 고전 건축물을 리노베이션해 건축 도시

문화를 부흥시킨 것이다.

이러한 일련의 문화운동은 건축이 문화에 얼마나 큰 영향을 미치는지를 말해준다. 우리는 건축의 시대성과 공공성이 반영된 건축물을 통해 시대 상황, 문화적 수준, 그 발전 정도를 알 수 있다. 이처럼 건축은 한 나라의 특색과 특징을 보여주는 문화의 한 부분이라 할 수 있다.

예술과 기술이 만나 건축을 낳았다?

study #03

아름다움 즉 美란 무엇인가? 이 근원적인 질문에 대답하기란 쉽지 않다. '건축에서 美란 무엇인가'로 바꾸어 물어도 마찬가지다. '美'를 정의하고 그것을 증명하기란 불가능하기 때문일 것이다. 다만 우리에게 좋은 느낌을 주고 즐거운 감정을 전해주는 것이라고 말할 수는 있다. 우리는 아름다운 자연을 만날 때나, 아름다운 건축을 체험할 때 그리고 아름다운 그림이나 조각을 볼 때 자기도 모르게 감동받고 즐거워한다. 자연에 대한 느낌은 공통적인 반면, 인위적인 문명이나 문화에 대한 느낌은 시대나 민족 혹은 개인의 취향이나 가치관에 따라 서로 다르다. 건축에서 말하는 아름다움이란 후자에 속한다고 할 수 있다.

문화로서 건축은 어느 정도의 지식이나 교양 없이는 이해하기 어려울지도 모르겠다. 건축의 아름다움에 대하여 어떤 사람은 철학과 예술로, 어떤 사람은 양식과 문화로, 어떤 사람은 과학과 기술르, 어떤 사람은 좀 더 종합적으로 각자의 입장에서 건축의 美를 이야기한다. 이

20 | 21

처럼 건축의 美를 절대적인 시각으로 보고 그것을 이야기하는 것은 대단히 어렵다. 결국 건축미란 개인적인 가치관 혹은 시대와 사회배경에 따라 어떻게 변화되어 나타나는가 하는 문제이지 결코 절대적인 기준으로 이야기할 사항이 아니다. 따라서 건축의 미는 영원히 풀어나가야 할 숙제일지도 모른다.

본래 'Art'에는 기술과 예술이란 의미가 있다. 따라서 그대로 직역을 하면 'Art는 기술과 예술이다'라고 말할 수 있다. 결국 건축에서 말하는 예술은 건축기술을 의미했고 또 역으로 말하면 건축기술은 건축예술이었던 것이다.

건축은 기본적으로 예술과 기술이 종합된 결과로 나타난다. 즉 기술을 철저하게 사용하는 것에 따라 기술 자체가 예술로 승화된다고 할 수 있다. 하지만 현대의 건축은 기술만으로 설명하기 어렵다. 앞에서 건축을 생활을 담는 그릇이라 하였듯이 건축은 인간 삶의 기록물이기 때문이다.

나도 건축학도가 될 수 있을까?

최근 많은 사람들이 건축에 관심을 갖고 있다. 고층화된 아파트 그리고 외국의 유명 건축가들은 사람들을 건축문화에 관심을 갖게 하기에 충분했다. 또한 몇 년 전 방영된 집을 고쳐주는 TV프로그램이나 도서관을 만드는 프로그램도 여기에 한몫을 했다. 이 프로그램이 방영될 때 각 대학의 건축과 경쟁률은 최고조에 달했다. 이런 현상을 일부 건축계에서는 긍정적으로 보는 시각도 있지만 자신의 미래를 정확한 정보도 없이 호기심이나 단순한 동경으로 선택하는 것은 아닌지 하는 우려의 시각도 있다.

건축과에서 5년을 공부한 후 4년의 인턴과정을 거쳐야 한다. 건축과 학생들은 5년간의 대학생활 동안 알람시계가 일어나는 시간을 알려주는 것이 아니라 자야 하는 시간을 알려줘야 할 정도로 많은 과제 때문에 힘들어한다. 학교 졸업 후 실무를 하면서도 많은 업무량 때문에 고민

> 한 번에 정답을 얻으려 하기보다는 더 좋은 답을 얻기 위해 시행착오를 반복하는 것을 두려워하지 않는 끈기도 필요하다.

을 해야 한다.

이런 현실에 대해 말하는 것은 건축을 해볼까 하고 생각하는 학생들이 단지 단순한 흥미와 동경만으로 건축을 전공하지 않기를 바라는 마음에서다.

적성과 재능도 중요하지만 더욱 중요한 것은 끈기와 도전 정신이다. 그만큼 건축의 길은 달콤하지만은 않다. 그래서 더욱더 도전하고 싶은지 모르겠다. 물론 건축을 전공한다는 것은 꼭 건축가가 되기 위한 것만은 아니다. 최근 관련 전문직종이 늘어나고 있는 추세이고 그 수요 또한 매년 증가하고 있다.

달콤하지만은 않은 건축의 길이라도 좋으니 도전을 하고 싶다면 어떻게 해야 할까? 건축학도가 되기 위해서는 어떠한 자격을 갖춰야 하는지 알아보자.

우선 건축을 하려면 그림을 잘 그려야 한다. 건축은 건물이라는 물체를 실제로 만들어야 하는 학문이기 때문에 이를 사전에 검토하거나, 글이나 말로써 표현되지 않는 부분을 그려가며 생각하는 것은 건축공부에 큰 도움이 된다. 또한 공학 분야의 수업을 많이 하기 때문에 수학, 과학 분야의 기초적인 지식이 필요하다.

또한 다양한 형태를 결합하여 공간을 조직적으로 파악하는 능력이 있어야 한다. 이 능력은 그림을 그리는 재능과 꼭 일치하는 것은 아니다.

마지막으로 평상시에 사물이나 사람의 생활과 움직임을 잘 관찰해야 한다. 관찰은 사물이나 사건을 있는 그대로 보고 분석하는 것으로 먼저 사물이나 사람에 대한 관심이 필요하다. 관심과 관찰력은 건축가가 되기 위한 가장 중요한 적성이다.

건축의 공간이나 형태는 단숨에 나오는 것이 아니라 몇 번의 시행착오를 거쳐 완성된다. 대학의 설계수업은 교수의 끝없는 비평과, 수없이 많은 디자인 반복 작업으로 때로는 벽에 부딪히기도 한다. 이러한 건축설계 프로젝트를 며칠씩 밤낮으로 수행하기도 한다. 건축을 하기 위해서는 한 번에 정답을 얻으려 하기보다는 더 좋은 답을 얻기 위해 시행착오를 반복하는 것을 두려워하지 않는 끈기도 필요하다.

건축가, 그는 누구일까?

건축가를 영어로 'architect'라고 한다. 굳이 영어로 건축가를 이야기하는 이유는 먼저 어원으로 살펴보는 것이 건축가의 중요한 역할을 설명하는 데 적합하지 않을까 해서이다.

Architect는 '최고' 또는 '크다'라는 뜻의 arch와 기술 또는 학문이라는 뜻의 tect가 결합된 말로 그리스어에 어원을 두고 있다. 그대로 해석하면 architect란 큰 기술 또는 최고의 학문으로 건축가의 중요성과 위상을 엿볼 수 있는 말이라 할

수 있다. 심지어 정관사 The를 첨가하면 조물주를 뜻하는 말이 되니 참으로 대단한 직업이었음을 짐작할 수 있다. 그리스 로마시대의 건축가는 건축 이외에 철학, 천문, 지리, 의술 등의 여러 가지 학문이나 기술을 다루었으니 그렇게 불리는 것도 지나치지 않았을 것이다.

시대는 변하고 학문과 기술은 발달하여 오늘날의 건축가는 건물을 세우는 것을 전문으로 하는 사람으로 보인다. 그러나 건축이 인간의 삶을 담는 그릇이듯이 건축가는 환경과 인간에게 필요한 공간과 도시문화를 창조해 간다는 측면에는 변함이 없다. 오히려 오늘날 건축가는 다양한 문화와 다방면의 전문화된 기술을 종합하고 조정하는 역할까지 하고 있다.

건축가는 역사의 흐름과 생활방식의 변화에도 불구하고 인간사회에서 매우 중요한 역할을 담당해 왔다. 과거의 건축가들은 디자인에서부터 시공, 조각, 조경까지

총체적으로 해결하고 인간의 삶을 담는 건축문화를 만들어 가는 전문가였다.

현대로 접어들면서 생활방식은 변하고 기술은 전문화되면서 건축가의 주된 업무인 건축디자인 분야도 건축구조, 건축환경, 조경, 실내건축 등으로 나뉘었고 이들각 분야의 전문가들은 건축가의 주도 아래 하나의 완성된 건축디자인을 만들어냈다. 건축가는 건축물을 완성하기 위해 구상에서 설계까지 모든 것을 총괄하는종합 예술가라고 사람들은 생각한다. 과거에 비해 현대의 기술뿐만 아니라 인간의 생활방식이 변했다고 하더라도 인간의 생활을 쾌적하고 편안하게 만드는 건축의 본래 목적은 변하지 않았다. 이 목적을 실현하기 위해 창작을 하는 건축가의역할 또한 달라지지 않는다.

건축가가 그리는 선 하나하나가 사람들의 삶에 커다란 영향을 미치기 때문에 개인적인 욕심보다는 건축공간과 인간 삶의 조화 그리고 도시환경을 먼저 고려해야한다. 이것이 실현될 때 의식주의 한 축을 담당하는 건축가의 행위가 수준 높은예술로 인정되고 우리의 문화 환경이 풍요로워진다. 또한 더 이상 사람들이 건축을 건축가들의 놀이로만 보지 않고 쉬운 건축, 좋은 건축으로 만나게 해야 한다.그것이 건축가의 책임이자 역할이다. 건축가가 건축을 아름다움과 작품을 중요시하는 예술적 행위로만 이해한다면 오히려 우리의 도시는 비문학적인 건축환경으로 바뀔 것이다.

건축가의 하루는 어떻게 이뤄질까?

4월 21일

10:00	삼호빌딩 건축주 J씨와 미팅
1:00	서교동 아주빌딩 건축 현장 방문
3:00	전기설계 업체 (주)에이오 담당자 L씨와 미팅

4월 22일

09:30	굿윌 콘도 건축허가 협의
11:00	에이스 건설 인천아파트 신축 관련 협의
16:00	굿윌 콘도 현장 미팅
18:00	회식

4월 23일

11:00	부천 상동 K씨 주택 기본 계획 확정
14:00	서주건설 인천 공촌 타운하우스 설계미팅
18:00	주민자치위원회 회의와 회식

4월 24일

8:00	사무실과 프로젝트 관련 회의
9:30	성남 정자동 J씨 주택 신축 계획 미팅
13:00	(주)일학 사옥 기본 계획 확정

4월 25일

10:00	한일건설 & PARTNERS 골프

교수님과 함께 떠나는
건축학 여행

AM 10:00 *삼호빌딩 건축주 J씨와 미팅*

오늘은 월요일, 새로운 일주일이 시작되었다!

어제는 일요일이었지만, 모든 직원들이 오전부터 밤까지 일하고 있었다. 계획이 변경된 건물의 도면을 수정해야 했기 때문이다. 건축주와 협의가 끝나는 대로 이번 주 중에는 건물을 짓기 위해 필요한 서류를 준비하여 관공서와 협의해야 한다. 지역이나 건물의 종류 등에 따라 법률에 근거해 신청하는 서류가 서로 다르므로 건축허가 신청 전에는 많은 협의가 필요하다. 이때 서류의 신청시기의 정리나, 기간의 확인, 서류에 첨부하는 도면의 내용 등을 확인해야 한다.

PM 1:00 *서교동 아주빌딩 건축 현장 방문*

오후에는 서교동 아주빌딩 건축 현장에 들러 창호공사 부분을 체크하였다. 창호공사는 다른 공사와 마찬가지로 건물에서 매우 중요한 요소다. 창은 빛을 끌어들이는 것 이외에도 건물의 외관에 많은 영향을 준다. 안에서부터 보이는 풍경도 중요하지만 창 하나의 디자인에 따라서 건물의 외관이 달라지기 때문에 소홀히 할 수 없는 부분이다. 특히 프로젝트 설계 단계에서부터 창문의 크기나 위치 등을 검토하여 디자인을 하였기에 사뭇 기대가 된다. 더구나 아직 완성되지는 않았지만 현장의 서클 창은 건축에 색다른 디자인을 줄 것이다. 또한 밤이도 실내에서 나오는 빛이 건물을 아름답게 연출할 것으로 보인다. 벌써부터 완성이 기다려진다.

PM 3:00 *전기설계 업체 (주)에이오 담당자 L씨와 미팅*

일산빌딩 전기설계와 관련하여 (주)에이오의 L씨와 만났다. 으피스 건물인 일산빌딩의 전화선이나 인터넷, 전기 용량 등을 세

심하게 체크하고 각 방의 디자인에 대해서 이야기를 나누었다. 사람들이 쾌적한 공간에서 즐겁게 일하는 모습을 상상하니 벌써부터 기분이 들뜬다.

PM 7:00   *도면 검토, 업체와의 협의 사항 준비*

오후 늦게야 사무실에 도착했다. 사무실에서 직원들은 오늘 건축주와 협의한 사항을 도면에 수정하고 있다. 모레로 예정된 협력업체와의 협의를 위해서이다.

도면을 검토한 후 구조, 전기, 설비, 조경 등의 업체와 협의할 사항들을 준비했다. 늦은 오후는 하루 중에 가장 디자인에 전념할 수 있는 시간이다. 협의나 상담 전화가 없이 팀원들 간에 회의를 통하여 업무의 효율을 높일 수도 있고, 새로 진행하는 프로젝트의 디자인에 집중하여 진행할 수 있기 때문이다.

매번 같은 일의 반복이지만, 프로젝트마다 새롭게 진행되는 디자인은 모든 사무실 팀원들에게 기대감과 성취감을 안겨준다. 바로 이런 부분이 건축을 하는 이들에게 보람을 주는 것이 아닐까 하는 생각이 든다.

대부분의 건축과 학생은 건축가를 목표로 한다. 마스컴을 통해 본 스타 건축가의 영향도 있겠지만 건축가는 무척 달콤한 직업으로 여겨 진다. 건축가 혼자서 모든 일을 처리하는 만능 슈퍼맨으로 잘못 알고 있다. 그러나 건축은 어떤 한 전문가에 의해서 이루어질 수 없는 협동 작업의 결과물이다.

현대의 건물 형태는 매우 복잡해지고 있어 관련 기술은 더욱 다양해 지고 있다. 그 관련 직업의 분야도 상당히 다양하여 건축을 전공하였 다고 하더라도 자기의 진로를 처음부터 결정하기란 그리 쉽지가 않 다. 그런 이유에서 건축에 관련한 여러 분야의 직업을 미리 알아보는 것은 이후에 본인의 직업을 선택하는 데 있어서 대단히 중요하다고 할 수 있다. 건축을 전공으로 하는 학생들이 목표로 하는 직업에는 크 게 세 가지 분야가 있다. 건축디자인 분야, 건축 전문기술자 분야, 건 축 관련기술자 분야가 그것이다.

건축가 혼자서 모든 일을 처리하는 만능 슈퍼맨으로 잘못 알고 있다. 그러나 건축은 어떤 한 전문가에 의해서 이루어질 수 없는 협동작업의 결과물이다.

건축디자인은 건축가의 영역으로 프로젝트와 관련된 일을 총괄한다. 건축 전문기술자는 건축의 시공기술사, 구조기술사, 설비기술사 등으로 건축가와 협력하여 건물을 더욱 안전하고 쾌적하게 세우는 데 노력을 기울인다. 그리고 건축 관련기술자는 토목기술사, 조경기술사, 도시계획가, 인테리어 디자이너 등 건축과 직간접적으로 협력한다.

건축을 창조해라 – 건축디자인 분야

먼저 건축디자인 분야에 대해 알아보자. 국가에서 건축설계의 업무 등을 할 수 있는 자격을 준 건축가를 건축사라고 하는데, 일반적으로 건축가란 건축디자인을 전문으로 하는 사람을 말한다. 건축사의 가장 중요한 업무는 건축디자인이다. 전문지식을 바탕으로 가장 이상적인 건축계획안과 설계도서를 작성하는 것은 물론 설계도서 내용들이 시공과정에 정확히 반영되는지를 확인하고 공사진행 상황을 감독하는 일을 한다.

구조 설계는 내 손 안에 – 건축 전문기술자 분야

건축 전문기술자들에는 시공기술사, 구조기술사, 설비기술사 등이

교수님과 함께 떠나는
건축학 여행

있다.

건축구조기술사는 건축물의 뼈대가 되는 구조설계를 담당한다. 건축사가 인간의 생활을 담는 건축물의 공간과 조형을 설계한다면, 구조기술사는 건축물의 안전을 설계하는 것이다. 구조설계는 다른 건축 관련 분야보다 더욱 공학적인 분야이다. 예를 들어 철근콘크리트 건물을 건설한다면 먼저 최적의 구조형식을 결정하고 건축물의 하중을 계산해서 기둥과 보의 크기를 산정한 후, 그 안에 들어갈 철근의 직경이나 개수, 위치를 결정하는 것이다.

건축시공기술사는 설계도면을 바탕으로 실제로 건축물을 세워나간다. 건축물 시공 시 공정관리, 인력과 자재 관리, 시공기술 관리 등을 통하여 정해진 시간 안에 안전하고 경제적인 건축물을 구현해 간다. 시공기술사는 현장에서 이루어지는 공사에 관한 모든 지식과 정보에 능통해야 하며 기술과 능력도 있어야 한다. 주로 현장에서의 업무가 대부분이라고 할 수 있다.

건축기계설비기술사는 인간의 풍요한 생활과 쾌적한 환경을 조성하는 설계를 담당한다. 또한 인간에게 필요한 기본적인 환경 요소들을 연구, 개발하기도 한다. 최근 관심의 대상인 환경에 대한 설계가 이들의 몫인 것이다. 환경의 관심이 높아짐

에 따라 미래형 자연환경 시스템이 필요해져 점점 고도화, 다양화된 일을 수행하고 있다.

건축 관련 자격증에는 무엇이 있을까?

건축사 자격증

건축사 시험은 건설교통부에서 주관하며 예비시험과 자격시험으로 구분된다. 예비시험의 응시 자격은 대학의 건축과를 졸업하거나 동등한 학력이 인정되어야 한다. 예비시험 합격 후 5년 이상의 건축실무의 경험이 있어야 자격시험에 응시할 수 있다.

건축 관계 기술사 관련 자격증

건축 관계 기술사에는 건축구조기술사, 건축시공기술사, 건축기계설비기술사, 건축품질시험기술사 등이 있다. 한국산업인력관리공단의 주관 아래 시험이 행해지며 대학 졸업 후 7년 이상의 실무경력 또는 기사자격 취득 후 4년 이상의 실무 경력 있어야 시험에 응시할 수 있다.

교수님과 함께 떠나는
건축학 여행

졸업 후 어디에서 일할 수 있을까?

대학에서 배우는 공부란 실무에서 필요한 지식의 극히 일부분에 지나지 않는다. 특히 설계사무소의 신입사원은 할 수 있는 작업이 거의 없을 정도다. 하지만 시간이 지나고 실무 경험이 쌓이면 학교에서 얻은 지식을 활용할 수 있게 된다. 건축은 이론과 실기의 학문이라는 것을 명심하자! 자, 그렇다면 학교에서 얻은 지식을 바탕으로 경험의 비움을 얻을 수 있는 곳은 어디일까? 건축학도들을 기다리고 있는 건축의 현장을 찾아보자.

건축설계사무소

다양한 용도의 건축물을 설계하고 감리하는 업무를 하는 곳이다. 설계 단계에서부터 건축물이 완공될 때까지 건축주, 관련 업체, 시공회사와 협의하면서 공사에 관여하게 된다. 프로젝트에 따라 적게는 몇 개월에서 길게는 몇 년이 걸리기도 하며 협의 과정에서 많은 작업을 반복하거나 수정을 하기 때문에 인내와 끈기가 필요하다. 그러나 건축 관련 전문가 즉 구조, 기계설비, 전기, 토목, 조경전문가들과 협의하고 기본설계, 실시설계, 상세도를 그리는 등 많은 업무를 하기 때문에 다양한 건축적 지식을 경험할 수 있다.

규모에 따라 소규모의 아뜰리에 설계사무소부터 대형 설계사무소 그리고 대기업과 연계된 기업화된 설계사무소까지 다양하며 그에 따라 프로젝트의 규모와 성격도 달라진다. 대형 설계사무소에서는 비교적 큰 규모의 프로젝트를 수행할 기회가 많다. 최근에는 외국의 프로젝트를 많이 설계하고 있어 더욱 넓고 다양한 경험을 할 수 있다. 반면 아뜰리에 설계사무실의 경우 프로젝트의 규모는 상대적으로 작을지라도 자신이 처리하여야 할 업무범위가 넓기 때문에 빠른 시기에 많은 경험을 할 수 있다는 장점이 있다.

구조설계, 설비설계 사무소

구조설비, 전기 분야의 설계업무를 하는 곳이다. 건축설계사무소와 협의하여 계획과 설계도면을 작성하고 각종 건축적 부하를 수치적으로 계산한다. 구조설계사무실은 건축물의 정확한 하중을 계산하여 기초부터 기둥, 보, 벽, 슬라브, 지붕, 계단 등의 철근 배근과 철골부재를 설계한다. 또한 리모델링을 통해 건축물을 증축하거나 용도 변경하기 위해 개, 보수를 진행할 때 안전에 대한 진단도 한다.

설비는 기계설비와 전기설비, 소방설비 등으로 나눌 수 있다. 건축물에 적합한 냉, 난방식과 급수, 급탕설비 등을 담당하는 기계설비와 전열, 조명, 통신 등을 담당하는 전기설비는 소방 관련 계산과 법규를 검토하여 설계도 작성 업무를 한다.

감리전문회사

최근 건축물의 기능이 다양화되고 기술적인 전문성이 고도화됨에 따라 원만한 공사를 위해 각 분야

의 감리기술자가 필요하게 되었다. 따라서 감리기술자는 공사를 시공할 때 공사수행을 지도, 감독한다. 이러한 공사 감리업무에 필요한 경험과 자격을 구비하는 것은 효과적인 감리를 위해서 무엇보다도 중요하다. 감리전문회사에는 토목, 건축, 설비, 분야의 감리를 전문으로 하는 종합감리회사, 건축감리회사, 설비감리회사, 토목감리회사 등이 있다.

건설회사와 자재회사

건설 분야의 회사에는 일반적으로 토목, 건축, 플랜트산업, 환경산업 등을 종합하는 종합건설회사에서부터 작게는 자재 등을 전문으로 취급하는 회사까지 있다. 건설회사의 경우 모든 규모를 건설할 수 있는 대규모의 종합건설회사에서부터 작은 규모만을 건설하거나 주택만을 위주로 건설하는 중소규모의 회사와 단종 회사들이 있다. 사무실 내에서 설계 등을 하며 현장에서는 현장관리 및 시공업무를 한다.

자재회사의 경우 자재를 설계하거나 품질관리와 견적을 담당한다. 최근 종합건설회사는 중동, 중국, 동남아 지역 등으로 그 범위를 넓혀가고 있다.

인테리어 사무소

실내디자인과 관련된 업무를 한다. 인테리어 사무실은 다른 설계 직종의 사무실과 달리 디자인설계뿐 아니라 시공도 겸하는 경우가 대부분이다. 또한 가구디자인과 코디네이터 업무까지도 한다. 또한 건축물을 오래 유지하고 관리하자는 측면에서 외관을 리모델링하거나 주택, 아파트, 상업용도의 실내 인테리어 관심이 높아지고 있어서 그 수요는 증가하고 있다.

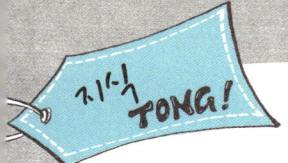
국내 최고의 건축물을 찾아라!

한국 50년 걸작 건축물 20선에서 1위로 꼽힌 '주한 프랑스 대사관'

김중업 건축가가 1961년 설계한 주한 프랑스 대사관은 한국 현대건축사에서 매우 중요한 건물로 평가받는다. 조선일보에서 실시한 한국 50년 걸작 건축물 20선에서 김수근 건축가가 설계한 공간사옥과 함께 1위로 선정된 바 있다. 이 작품은 많은 건축가들에게 길잡이 역할을 하고 있다고 해도 과언이 아니다.

처음 프랑스 대사관을 지을 때 설계를 공모했다. 유명한 프랑스 건축가들도 응모했는데 김중업 건축가의 설계안이 당선된 것이다.

사진제공 : MAEE 프랑스 외무유럽부

건물은 크게 대사관저와 업무동으로 구성되어 있다. 큰 건물이 대사관저이고 작은 것이 업무동이다. 표현적으로도 대사관저는 남성적이며 업구동은 여성적이다. 프랑스 대사관의 특징은 지붕의 다이나믹한 조형일 것이다. 이 지붕은 노출 콘크리트로 몸체에서 분리돼 허공에 떠 있다. 역동적으로 들어 올려진 지붕 선은 한옥의 기와지붕에서 나타나는 투박하면서도 기운찬 상승감을 보여준다. 지붕을 떠받치는 육중한 기둥은 건물 전면에 따로 배치해 실제보다 웅장한 느낌을 준다.

서로 다른 두 건물의 어우러짐이 있는 '공간 사옥'

창경궁 역 앞에는 비슷하지만 너무나도 다른 두 채의 건물이 우리의 시선을 사로잡는다. 검은색 벽돌로 이루어진 건물과 외벽 전체가 투명유리로 되어 있는 건물이 그것이다.

검은색 벽돌로 지어진 건물은 한국 건축계의 거장 김수근이 1977년에 설계한 '공간 구사옥'이다. 구사옥은 건물크기에 비해 창이 작고 온통 검은색 벽돌로 이루어져 있어 상당히 폐쇄적인 느낌이 든다. 하지만 구사옥의 내부는 폐쇄적인 외부와는 정반대이다. 층과 층의 구분이 모호하고 창의성이 돋보이는 독특한 공간구성으로 이루어져 있다. 5층 건물 정도의 높이인데, 안으로 들어가면 공간을 잘게 분할하여 깊이감을 느끼게 한다. 공간 속에 또 다른 공간이 높이의 차이를 달리 하면서 길게 하나로 이어져 있다. 계속해서 이어지는 공간의 다양한 체험이야말로 이 구공간 사옥을 한국 모더니즘의 완결이라고 평가할 만하다.

구사옥의 옆에는 신사옥이 있다. 외벽 전체가 투명유리로 되어 있는 신사옥은 김수근 건축가의 제자인 장세양 건축가가 1997년에 설계한 것이다. 구사옥의 형태와 공간구성이 폐쇄적이고 복잡

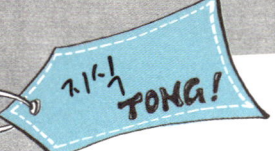

사진제공 : 공간 그룹

교수님과 함께 떠나는
건축학 여행

하다면 신사옥은 개방적이고 단순하게 구성되어 있다. 구사옥에서도 창경궁과 창덕궁의 아름다운 뜰을 감상할 수 있도록 무엇보다 건물의 투명도에 중점을 두었다고 한다.

언뜻 보면 이 두 건물은 벽돌과 유리, 폐쇄와 개방, 복잡함과 단순함으로 전혀 다른 성격의 빌딩으로 보인다. 하지만 찬찬히 훑어보면 스승과 제자의 관계처럼 잘 어우러지는 사이 좋은 건물의 매력을 느낄 수 있을 것이다.

내부와 외부가 소통하는 공간, 김옥길 기념관

김옥길 여사의 생가였던 18평 남짓의 작은 대지에 지어진 김옥길 기념관은 김인철 건축가에 의해 계획되었다. 보는 사람들의 시선을 상쾌하게 해주는 높이가 서로 다른 5개의 노출 콘크리트의 벽이 가장 큰 특징이다. 벽은 재료 특유의 회색빛을 발하며 현대적이면서 미니멀한 인상을 준다. 단순한 형태의 벽은 내부 역시 유리와 벽만이 존재하는 검소한 공간으로 만든다. 높이가 다른 벽과 벽 사이는 투명하다. 때문에 내부에 들어와도 외부의 환경과 단절되지 않고 자연스럽게 소통할 수 있다. 이러한 열린 공간을 만들기 위해 유리프레임을 사용하지 않고 콘크리트 벽에 홈을 파서 유리를 끼웠다고 한다.

건물과 외부와의 경계에는 어떤 장치도 하지 않았다. 내부의 공간이 무한히 확장되기를 바라는 건축가의 의도를 엿볼 수 있는 부분이다. 현재 이 건물은 1층과 2층은 카페공간으로 지하층은 소규모 연주회나 세미나를 할 수 있는 문화 공간으로 구성되어 있다.

사진제공 : 아르키움 건축사무소

조화란 이런 것이다! 웰컴시티

2000년에 지어진 웰컴시티는 광고 회사인 웰콤의
사옥으로 동국대학교 맞은편 경사진 도로 면에 위치
하고 있다. 이 건물은 승효상 건축가의 비움에 대한 관심이 도시 속으로 확장되어
드러난 대표적인 작품으로 꼽힌다.
지하 2층에서 지상 5층으로 이루어진 건물로, 지상 1층과 2층은 노출 콘크리트로
된 기단부에 해당된다. 이 기단부는 경사진 대지에 수평면을 제공하여 시각적 안
정감을 주는 역할을 할 뿐 아니라 맞은편 동국대학교의 높은 옹벽에 적절히 대응

하며 조화를 이끌어 내는 장치로서도 역할을 한다. 이 기단 위에 '코르텐' 이라 하는 붉게 녹슨 4개의 철판 박스가 놓여져 있다. 이는 커다란 하나의 박스에서 3개의 빈 공간을 만듦으로써 얻어진 것이다.

승효상 건축가의 비움에 관한 철학은 건물이 주변 환경과 도시 환경으로 어떻게 녹아들어 갈 수 있는지를 보여주고 있다. 즉, 나누어진 건물 사이로 주변의 풍경이 채워지는 모습을 보고 있으면 조화가 무엇인지 절로 고개가 끄덕여진다. 또한 뒤편의 작은 연립주택에서는 건물 사이의 빈 공간들을 통하여 남산을 바라볼 수 있다. 이것은 바로 이웃 주민을 배려한 비워진 공간인 것이다.

사진제공 : 광고회사 웰콤

건축학 여행을 위한 기초 지식

여행안내서,
건축의 4단계

건축은 모든 인간생활과 여러 형태로 깊은 관계를 맺고 있다. 그래서 흔히 건축을 인간의 삶을 담은 그릇이라 말한다. 이러한 건축과 인간의 관계에 대하여 여러 측면으로 생각하고 연구하는 학문을 건축학이라 한다. 건축은 특수한 세계가 아니라 인간과 관계된 일반적인 세계이다. 물론 다른 전문 분야와 마찬가지로 건축학도 고유의 전문성이 있지만 그조차도 인간의 삶과 밀접히 연관되어 있다.

때로는 건축을 '거대한 잡학'이라고 이야기한다. 건축이 최첨단기술의 응용에서부터 태고의 유적 발굴까지, 혹은 수십 년에 걸쳐서 만들어진 도시계획에서부터 의자나 책상 등의 가구디자인까지 포함하는 폭넓은 학문이기 때문이다. 건축에서 인간의 활동과 관계없는 것은 하나도 없

다고 이야기하여도 무방할 것이다.

현재 우리나라에서는 '건축=건설업'이라는 단편적인 시각으로 건축을 바라보는 경향이 있다. 그 이유는 건축이 오랜 역사를 거쳐 여러 형태로 이어져 왔지만 건축 본래의 풍부한 가능성을 접할 기회가 의외로 적어서 일지도 모른다.

지금부터 건축세계의 폭과 깊이를 살펴보자. 건축물의 탄생과 사용 그리고 소멸까지 그 전체적인 과정을 먼저 알아보는 것이 건축학이라는 학문을 이해하는 데 도움이 될 것이다.

건축의 4단계 과정

구상 – 기획, 계획

'어느 곳에 건물을 세울 것인가?', '어떤 용도로, 어떻게 세울 것인가?', '누가, 어떻게, 사용하는가?' 등 복잡하게 연결된 조건을 조사하여 상호 간의 관계를 일관된 생각으로 정리하는 것이 구상이다. 구상의 단계에는 기획과 계획이 있다. 다른 말로는 설계조건 설정이라고도 한다. 설계조건에는 건축하는 장소의 주변 환경 분석, 기능과 규모는 물론 경제적, 사회적, 법적인 검토까지 포함된다.

설계 – 디자인

구상의 단계에서 기획, 계획된 것을 토대로 하여 구체적인 건물의 형태를 결정하는 것을 설계 또는 디자인이라 한다. 설계는 크게 건축설계와 구조설계, 설비설계로 나눈다. 각 분야의 설계는 밀접하게 도면으로 연결되어 있고 그것을 총괄하는 것이 건축가의 역할이다. 설계결과는 설계도면, 모형, 컴퓨터그래픽 등으로 표현되고 그것을 기본으로 비용이 계산되며 시공계획이 진행된다.

건설 – 시공

건설은 실제로 건물을 지어나가는 단계이다. 설계도에 명시된 지시에 따라 건설현장에서 작업하는 것을 말한다. 정해진 기간 안에, 정해진 품질의 건물을 안전하게 만들기 위해서는 세밀한 관리가 필요하다. 또한, 경우에 따라서 설계자는 도면의 표시대로 건물이 올바로 지어졌는지 체크(감리)하여야 하는 책임도 있다.

사용 – 유지관리

건물을 완성한 후 사용하면서 유지 관리하는 것을 말한다. 건물이 완성되었다고 건축의 모든 과정이 끝나는 것이 아니다. 완성된 건물은 다양한 사람들을 통해, 다양한 방법으로 사용된다. 이 과정을 통해 건

물의 평가도 이루어진다. 경우에 따라서는 증축을 하기도 한다. 또 일정한 기간이 지나면 보수공사 등 시설의 유지관리도 한다. 더욱 긴 시간이 지난 후 역사적인 가치가 있다고 인정되는 건물은 문화유산으로 지정되어 중요하게 보존되는 경우도 있다.

건축을 '거대한 잡학'이라고 에야기한다 최첨단기술의 응용에서부터 태고의 유적 발굴까지 포함하는 폭넓은 학문이기 때문이다.

해체와 폐기

최근에는 수명이 끝난 건축물을 해체하는 방법과 건축물을 구성하고 있는 건축자재를 어떻게 폐기하는가 또는 어떻게 재활용하는가의 문제가 중요시되고 있다. 그래서 처음 계획할 때부터 폐기와 재활용 방법을 고려해야 한다.

위에서 살펴본 것과 같이 건축의 전체 과정은 수년 또는 수십 년에 걸쳐서 진행된다. 그 관련된 분야 또한 대단히 많음을 알 수 있다. 각 과정은 서로 밀접하게 연관되어 있고, 순환을 반복하면서 건축을 영구적인 움직임으로 만들어 간다. 건축의 역사는 이러한 영구적인 과정이 쌓여서 만들어졌다고 할 수 있다.

건축학은 무엇을
연구하는 학문일까?

건축학과에서는 무엇을 공부하는지 알아보자. 건축학의 교과과정은 일반적으로 계획, 구조, 재료, 시공, 설비 그리고 설계 등의 전문영역으로 구분되고 그 안에서 다수의 수업과목에 따라서 서로 다르게 구성된다. 이것은 과거의 경험에서 축적된 건축학의 체계에 따른 것이다. 앞으로 건축의 다양성과 복합성을 반영하기 위해서 상당히 많은 분야에 대한 지식을 갖추어야 한다.

문화와 예술, 사회와 경제, 지역과 도시, 역사와 미래 등 폭넓은 지식과 교양이 필요하다. 예를 들어, 건축물은 땅 위에 세워지기 때문에 토지, 기후, 풍토에 대한 깊은 이해가 필요하다. 건물이 주변에 주는 영향, 공사의 방법과 경제성에 대하여도 알아두지 않으면 안 된다. 또 전문지식뿐만 아니라 건축에 관한 문화와 철학적인 교양도 배워둘 필요가 있다. 건물을 세우는 지식만으로는 건축가가 되기 어렵기 때문이다.

건축학 여행을 위한
기초 지식

설계수업에서는 스케치를 하거나 모형을 만들기도 한다. 실제로 건물의 일부분을 부숴서 분석하거나 자신의 눈과 손을 사용해 배우는 기회가 많다. 만들면서 생각하는 것, 이것이 건축 수업의 가장 큰 특징이다.

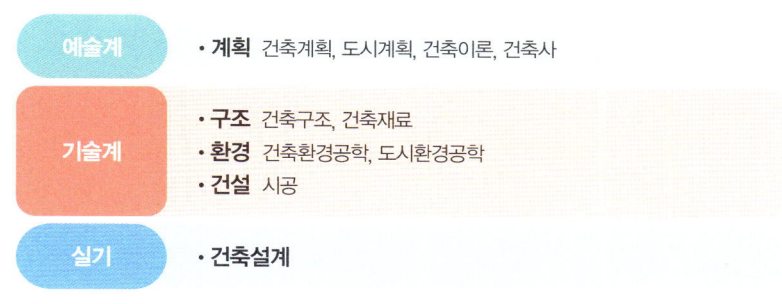

건축학의 기본체계

건축학은 예술과 기술의 두 가지 성격을 담고 있는 학문이다. 전공과목은 크게 예술계의 계획과 기술계의 구조, 환경으로 분리할 수 있다. 일반적으로 계획을 건축, 환경을 설비라고 한다. 최근 계획 분야에서는 건축계획 이외에도 도시계획이나 지역계획 등이 중요시되고 있고, 환경 분야 또한 건축물을 개별적인 건물로 보지 않고 주변 환경까지 고려해야 한다고 생각하는 경향이 많다. 그래서 넓은 의미로 건축계획을 계획이라 하고 건축환경을 건축환경공학이라 부르기도 한다. 그러나 실제로 건축물의 설계나 시공에 관계된 직업을 보면 계획이나 건축환경공학이 아니라 아직도 건축, 구조, 설비에 분류되는 것이 일반적이다.

또 편의상 계획을 예술계, 구조와 환경을 기술계로 분리했지만, 물론 계획 분야에도 공학과 기술의 기본적인 지식이 필요하고, 구조 분야에서 추구하는 미와 환경 분야도 인간의 감성과 깊이 관계되어 있기 때문에 구조와 환경에서도 예술성이 필요하다. 결국 계획, 구조, 환경의 세 가지 기본 연구 영역에는 모두 예술과 기술의 구조가 포함된다고 할 수 있다.

계획 – 건물을 어느 곳에 어떻게 세우면 좋을까

계획의 연구 영역을 구성하는 것은 크게 건축계획, 도시계획, 건축사, 건축이론이다. 계획이란 주택, 빌딩 등의 건축물에서부터 지역과 도시까지를 대상으로 하는데, 각 범위 안에서 더욱 좋은 배치계획과 평면계획을 연구하는 학문이다.

배치계획이란 건물이 세워지는 토지 내에서 어떤 방향으로 건물을 세우면 좋을까 하는 것을 생각하는 것이다. 그 다음 배치계획 안에서 어느 위치에 무슨 방을 만들어야 하는지, 어떤 방들을 서로 분리하여야 좋은지를 생각한다. 이것이 평면계획이다. 이렇게 배치계획과 평면계획을 하는 것을 건축계획이라고 한다.

좋은 계획이란 사용하기 편리하고 쾌적하며 경제성을 가진 건축을 세우는 것이다. 그러나 그 이외에도 토지의 특성이나 기후, 지진 등의 재해, 주변 환경의 영향 등도 충분히 고려하여 안전하고 내구성 있는 건

축물을 세우는 것이 좋은 계획이라
고 할 수 있다.

또, 단지계획이나 도시 재개발 등을 행하는
도시계획에서는 교통망이나 가
스, 수도 등의 사회기본시설을 시작으
로 도시기능을 충분히 발휘하도록 주요시
설의 배치계획과 평면계획을 연구한다.

건축사란 선사시대부터 현재까지의 건축물과 도시를 연
구하는 학문이다. 일반 역사학은 역사상의 사건이나 사람들의 생활을
연구대상의 중심으로 하는 데 비하여 건축사는 역사와 건축의 관계
안에서 건축물의 구조와 디자인 나아가 도시가 어떻게 만들어지고 변
천하여 왔는가를 연구한다. 즉 고딕이라는 유럽역사의 건축양식과 아
시아의 건축양식, 나아가 유적조사까지도 연구대상에 포함한다. 이와
같이 건축사학은 역사상의 건축물을 통하여 지역문화를 연구하기도
하지만, 현재의 건축과 도시를 계획하는 데 대단히 드움이 되는 학문
이다.

건축이론이란 건축의 본질을 탐구하는 학문이다. 인간과 건축의 관계
를 연구의 중점으로 두고 있기 때문에 건축이론은 건축사와 밀접한
관계가 있다. 또, 건축이론을 배우면서 역사상 위대한 건축가를 통해
자신의 건축 이념과 철학을 확립할 수 있다.

구조 – 건물을 어떻게, 무엇으로 세워야 할까

구조의 연구 영역에는 크게 건축구조와 건축재료가 있다. 건축구조란 건축물이 안전하게 본래의 목적을 수행할 수 있도록 기술과 건물의 뼈대인 골조를 연구하는 분야이다.

건축구조는 건물의 구조적 현상을 과학적으로 탐구하는 구조해석과 이를 토대로 구조물을 설계하는 구조설계로 구분할 수 있다. 최근에는 건축물의 여러 디자인을 실현하기 위한 골조의 연구와 함께, 골조 조합방법에 따른 접합부분에 대한 연구가 활발히 진행되고 있다.

건축재료란 건축물의 안전에 기본이 되는 뼈대(골조)와 지붕, 벽 등의 건축재료를 연구하는 학문이다. 주로 건축물의 뼈대가 되는 나무, 철골, 철근 콘크리트 등의 강도와 내구성에 대해 연구한다. 최근에는 유해물질이 포함되어 있는 건축 내부재료를 대체할 재료의 연구도 활발히 진행되고 있다.

환경 – 어떻게 쾌적한 공간을 만들까

건축공간을 쾌적하게 만들기 위한 건축환경공학에서는 실내의 채광, 조명, 방음, 환기 그리고 냉, 난방 등을 연구한다. 자연의 빛과 바람을 어떻게 이용하고 인공적인 조명과 공기조절을 어떻게 할까 하는 것이 연구의 테마가 되고 있다.

이러한 환경설비는 전기와 가스 등의 에너지원 이용이 불가피하기 때문에 전기와 기계, 음향의 연구 분야와 밀접한 관계를 가지고 있다. 최

근에는 환경설비가 많은 에너지를 소비하기 때문에 도시환경과 지구 환경에 적게나마 영향을 주고 있는 것이 문제가 되고 있다. 환경설비 연구 분야에서는 친환경설비 개발의 연구가 큰 과제가 되고 있다.

설계 – 어떻게 건축물을 만들 것인가

건축학은 책상에서 하는 연구에만 머무르지 않는다. 실제 건축물을 만들어 내기 위한 실용적인 학문이다. 그것을 실현하기 위한 구체적인 방법이 바로 설계이다.

설계는 계획, 구조, 환경의 세 가지 연구영역을 모두 집약하여 최종적으로 도면에 표현하는 것이다. 설계 없이는 건축은 실용 학문으로서 의미가 없고 실제로 건물을 세울 수도 없다. 설계를 위해서는 실습과 수련의 과정이 필요하다. 스케치와 드로잉의 이미지 표현에서부터 평면도, 단면도, 입면도와 같은 2차원 표현과 모형을 통한 3차원 표현을 실제로 손을 움직여 만들어 가는 실습과 훈련을 한다. 건축물을 설계하기 위해서는 지식과 교양을 살려나가면서 새로운 공간을 만들기 위해 스케치를 하거나 도면에 표현하지 않으면 안 되기 때문이다. 예를 들면, 의과대학 학생이 신체에 관한 전문지식과 교양을 준비하고 있어도 실제로 치료를 할 수 없다면 의미가 없다. 건축학에서도 마찬가지로 계획한 건물을 도면에 잘 표현할 수 없다면 생각한 건물은 실현될 수 없다. 때문에 건축설계 수업이 있다.

건축학을 구성하고 있는 공학계열의 대부분은 물리와 화학, 기계와 전기라고 하는 학문을 응용한 것들이다. 건축학은 물리, 화학, 공학이라고 하는 학문과 더불어 실용적인 연구 분야를 건축에 응용한 것으로 구성되어 있다. 이렇듯 건축에서 발생한 독자적인 학과목은 별로 없다. 건축설계만이 유일하게 건축학에서 생겨난 독자적인 교과목이라 할 수 있다. 때문에 각 대학의 건축학과에서는 건축설계에 많은 시간을 할애하고 있다. 또 도면과 마찬가지로 중요한 것은 모형이다. 모형은 실제로 세워질 건물의 원형으로서 교육적으로 대단히 중요하다. 최근에는 모형을 대신하여 컴퓨터를 사용한 3차적인 모델링 수업이 활발히 진행되고 있다. 그러나 컴퓨터에 너무 의존하여 생각하는 것은 디지털로 만든 건축과 실제의 건축이 많이 다르다는 이유로 그 폐해가 많이 지적되고 있다.

대학에서 건축을
공부하기 위한 어드바이스

어떻게 하면 4년 혹은 5년의 대학생활을 유익하게 지낼 수 있을까? 나의 오래된 기억과 학교에서 학생들의 생활을 살펴본 것을 통해서 몇 가지 어드바이스해 주겠다.

스스로 시간과 생활을 관리하라!
대학에서는 스스로 시간과 생활을 적극적으로 관리하지 않으면 좋은 성과를 얻을 수 없다. 특히 건축과는 생각과 노력이 필요한 과제가 많기 때문에 시간과 생활의 관리가 중요하다.

스스로 공부하고 연구하라!
수업에서 배우는 것은 건축의 일부분에 지나지 않는다. 대문에 부족한 부분이나 관심이 있는 분야는 스스로 공부해 흥미 있는 부분을 찾고 그것을 점차 연구하여야 한다.

넘쳐나는 정보들과 거리를 둬라!
때로는 넘쳐나는 정보에 적당히 거리를 둘 필요가 있다. 지나치게 다른 사람의 글과 생각에 치우치는 것은 오히려 해가 될 수도 있다. 그것은 본인의 것이 될 수도 없을 뿐더러 사물을 비판하고 관찰하는 태도를 잃게 만든다.

스스로를 비평하라!

자신을 엄하게 비평해 보는 것이다. 자신이 쓴 과제, 자신이 한 설계, 자신이 만든 것, 자신이 말한 것을 전부 비평해 본다. 이러한 과정을 통해 부족한 부분을 찾아내고 다음에는 좀 더 나아질 수 있는 방법을 생각해 본다.

좋은 건축물을 분석하라!

흥미가 있는 건축작품과 건축가를 잘 조사해 본다. 훌륭한 건축물을 견학해 무엇이 좋고 나쁜지를 분석해 본다.

메모하는 습관을 길러라!

사진을 찍고 느낀 점을 메모하는 것이 좋다. 단지 사진기나 컴퓨터를 이용하기보다 자신의 손으로 자신이 본 것, 느낀 것을 기록하는 것이 중요하다. 시간도 걸리고 한편으로 귀찮기도 하지만 스케치와 메모는 무의식 중에 기억되기 마련. 눈과 손을 움직이면서 하는 것을 따라올 수 없다.

이 외에도 건축 관련 서적과 잡지에도 구체적인 건축물과 건축가, 건축물을 짓는 장소, 도시를 항상 표시하고 있다. 이러한 것을 통해 많은 도면과 사진을 보면서 건축을 읽고, 보는 것도 건축을 공부하는 데 도움이 된다.

이처럼 건축을 공부하는 방법과 수단, 기회는 여러분 가까운 곳에 있다. 이것을 통해 건축을 좋아하게 되고 건축의 관심과 흥미가 넘치게 될 것이다.

건축학 여행을 위한
기초 지식

건축과와 건축공학과는 어떻게 다를까?

다양한 건축의 전문지식을 약 4년에 걸쳐 몸에 익히는 것은 무리이다. 그래서 최근 여러 대학의 건축학과에서는 신입생을 건축학 전공과 건축공학 전공으로 나누어 받아 전문화된 수업을 하고 있다. 건축학 전공은 5년제 전문 학위과정으로 건축가의 양성을 주된 목적으로 한다. 반면 건축공학 전공은 4년제 공학사 학위과정으로 건축 분야의 구조, 시공, 환경 관련 전문 엔지니어 양성을 목표로 한다. 일반적으로 건축학 전공에서는 주로 건축계획 및 설계, 건축이론, 건축사를 탐구하고, 건축공학 전공에서는 건축구조, 건축환경, 건설기술을 테마로 하여 수업을 진행한다. 하지만 주된 연구테마에 차이가 있을 뿐 건축의 본질을 탐구하기 위해 건축의 기본학문을 습득하는 것은 같다. 자, 그럼 건축과와 건축공학과가 어떻게 다른지 살펴보자.

건축학과

건축학과에서는 문화와 예술, 공학과 기술, 환경의 관점에서 균형과 조화를 이룬 환경을 위해 일하는 건축가를 양성하는 데 그 목표를 두고 있다. 현대사회에 필요한 건축공간을 창조하고 예술성과 조화를 이룬 도시환경을 조성하기 위하여 이론교육과 실무교육을 하고 있는데 크게 설계, 건축문화, 건축기술, 교양학문 분야로 나눌 수 있다.

건축공학과

건축공학과에서는 건축구조, 시공, 설비 등 건축물의 성능과 관련된 전문가를 양성하는 데 그 목표를 두고 있다. 건축가와 협력하여 공학적, 기술적, 경제적, 관리적 문제를 해결하는 전문 분야는 크게 건축구조, 건축시공, 그리고 건축설비로 구성되어 있다.

배워야 할 것은
점점 많아진다?

건축학을 구성하는 물리와 화학, 공학 등의 실용 연구 분야는 지금도 계속 발전하고 있다. 이 분야와 관련된 구조와 재료 등의 연구내용도 더욱 세분화되고 있다. 때문에 대학에서도 건축학과 이외에 건축공학과, 건축설비학과, 건축환경공학과, 도시공학과 등의 학과를 신설하고 종래의 건축학에는 없던 영역을 담당하고자 하는 경향이 있다. 실제로 건축관계 실무에 있는 많은 사람은 토목공학과나 설비공학과 그리고 도시공학과 등 건축과 이외의 출신자가 많다.

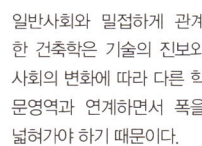

일반사회와 밀접하게 관계한 건축학은 기술의 진보와 사회의 변화에 따라 다른 학문영역과 연계하면서 폭을 넓혀가야 하기 때문이다.

최근에는 건축과 도시의 관계나 쓰레기 문제를 시작으로 하는 환경에 관심이 많아짐에 따라 건축학도 글로벌한 연구가 필요하게 되었다. 심리학, 경제학, 생태학, 사회학,

건축학 여행을 위한
기초 지식

철학 등 지금까지 관심을 기울여 오지 않았던 학문과도 연계하면서
건축계획에 이용해야 할 필요성이 제기되고 있다. 어느 시대에서나
일반사회와 밀접하게 관계한 건축학은 기술의 진보와 사회의 변화에
따라 다른 학문영역과 연계하면서 폭을 넓혀가야 하기 때문이다.

건축의 과제와 새로운 움직임

친환경 건축의 출현

최근 전 세계적으로 지구의 온난화, 생태계의 붕괴, 에너지자원의 고갈, 도시 폐기물의 증대 등이 문제가 되고 있다. 이는 모두 도시와 건축이 만들어 낸 문제들이다. 때문에 지구환경 훼손에 막대한 영향을 미치고 있는 건축 분야도 지구환경 보호와 삶의 질 향상을 목표로 하는 새로운 방향을 모색하게 되었다. 이제 건축의 새로운 디자인 목표는 처음부터 주변 환경을 고려한 친환경 건축, 도시디자인을 하는 것이다. 즉 바로 아래와 같은 생각들이다.

환경을 생각하는 건축물은 어떤 것인가?
과연 건축에서 친환경 건물이 탄생할 수 있을까?
기존의 건축, 도시환경은 어떻게 보전할 것인가?
건축물의 에너지 활용과 자재의 재활용은 어떻게 진행하여야 하는가?

건축학 여행을 위한
기초 지식

건축가들은 지금까지의 단편적이고 반환경적인 건축을 지양하고, 건축물의 설계, 시공, 운영, 해체 등 건축물 생애주기(Life Cycle) 전체에 걸쳐 문제의식을 갖고 도시, 건축 환경의 질을 향상시킬 수 있는 지속가능한 건축에 접근하여야 한다. 또한 기존의 건축과 도시환경을 보전하고, 건강하고 안전한 환경을 만들기 위해 노력해야 한다.

주변 환경과 조화 – 경관의 건축

일반적으로 건축은 대지 위에 세워진다. 때문에 도시와 자연이라는 주변 환경과 관계성은 건축설계에서 중요한 요소가 된다. 이것은 건축이 건축이기 위한 사명으로 포스트모던 건축에서 볼 수 있는 특징이기도 하다.

또한 건축은 장소를 재생시키는 계기가 되기도 한다. 일본 건축가 안도 다다오는 나오시마 현대 미술관 건물의 대부분을 지하에 만들어 대지와 건축을 일체화시켰다. 또 장누벨의 까르띠에 재단 빌딩은 투명한 유리에 자연을 끌어들여 기존의 도시에 건물이 함께 녹아있는 듯한 모습을 보여준다. 또한 도미니크 페로가 지은 프랑스 국립 도서관은 유리로 덮여있는데 이 4개의 건물이 주변 환경에 경쾌한 리듬

새로운 디자인 목표는 처음부터 주변 환경을 고려한 친환경 건축, 도시디자인을 하는 것이다.

을 전해주고 있다.

이처럼 건축물의 크기에서 발생하는 압도적인 중량감을 줄이고, 주변 환경과 조화를 이루기 위한 노력은 좋은 예가 된다. 건축은 경관이 되어 장소를 활성화시키는 역할을 하는 것이다.

리노베이션과 건물의 경관화 – 장소의 재생 건축

문화적으로 가치 있는 마을이나 건축물의 보존운동에도 높은 관심을 보이고 있다. 대표적인 예로 도코모모(docomomo) 운동을 들 수 있다. 도코모모란 근대운동으로 생겨난 건축물을 보존하여 20세기 문화유산으로 남기자고 주장하는 국제조직을 말한다.

기존의 건축물을 재평가하려는 움직임은 새롭게 건축을 창조하는 과정에서도 강하게 나타난다. 또 오래된 건물을 수리, 개선하는 리노베이션에도 관심을 보이고 있다.

근대건축은 인위적인 시스템으로 공간의 질서를 만들어 지구상의 모든 공간을 조정하려고 하였다. 그러나 인간이 생활하는 장소에는 공간의 기능성뿐만이 아니라 장소의 개성이 존재한다. 건물의 경관화와 리노베이션은 기존에 존재하고 있었던 장소를 재생하기 위한 계기가 될 것이다.

건축학 여행을 위한
기초 지식

교수님이 추천하는
건축 관련 책들

〈좋은 길은 좁을수록 좋고 나쁜 길은 넓을수록 좋다〉 김수근 | 공간사

한국 근, 현대사에서 빼놓을 수 없는 건축가가 있다면 그는 분명 김수근일 것이다. 1998년 조선일보가 건축전문가 18명을 대상으로 했던 설문조사에서 그는 훌륭한 건축가 1위에 이름을 올렸다. 그는 분명 우리나라 현대 건축의 거장이다.

이 책은 김수근의 글을 모아 엮은 것이다. 이 글을 통해 그의 성장기와 주변사람들에 대한 이야기, 그의 건축적 철학을 변화시켰던 중요한 가르침과 깨달음 그리고 공간지를 중심으로 했던 문화 활동에 대한 의지를 읽을 수 있다. 또한 그 말들을 통해 좋은 건축이 무엇인지 느낄 수 있다. 이 책은 건축가의 삶과 보람 그리고 고뇌에 대하여 조금이나마 이해하고 건축에 대한 관심의 폭도 넓어질 수 있는 계기가 될 것이다.

〈건축, 음악처럼 듣고 미술처럼 보다〉 서현 | 효형출판

이 책은 건축을 열기 위한 책이라 할 수 있다. 건축에 대한 관심을 가지면서 처음으로 읽기 바라는 책이다. 책 제목처럼 건축의 학문적 접근보다는 건축을 저자와 함께 탐험하며, 건물이나 건축가의 의도를 읽어나가는 책이다. 공간에 대한 이야기로 시작하여 각종 건축물의 구성요소를 설명하고 그 요소들이 조합된 최종적인 모습을 이해할 수 있도록 쉽게 쓰여져 있다. 그리고 그 과정에서 예로 드는 건물들은 대부분 우리 주변에서 항상 익숙하게 보아왔던 건물들이다. 그래서 더욱 건축을 이해하기 쉽게 한다. 건축에 관심이 있는 학생들에게 건축에 흥미를 갖게 하고 건축을 즐기게 할 수 있는 책이라 생각한다.

〈건축예찬〉 지오 폰티 | 열화당

이 책을 통해 지오 폰티는 건축에 대한 자신의 생각과 관념을 예찬하듯이 이야기하고 있다. 처음부터 끝까지 건축을 사랑해야 하는 긍정적인 이유들을 열거한다. 지오 폰티는 건축이 시나 그림이나 음악과 마찬가지로 진보하는 것이 아니라 영원한 완성을 향해 헌신한다고 말한다. 이 책의 저자인 지오 폰티는 이탈리아의 건축가이며 디자이너이다. 사실 이탈리아의 어느 건축가보다도 가장 이탈리아적이고, 가장 뛰어난 디자이너라고 일컬을 만하다. 또한 그는 교육자이며 작가, 어느 면에서는 시인이라고 할 수 있다. 그의 작품으로는 모테카디나 빌딩처럼 곧게 뻗은 현대적 건물과, 유럽에서 가장 유명한 마천루인 밀라노 피렐리 타워 등이 있다.

이 책은 건축을 사랑하는 사람들을 위한 책이며, 건축과 문명에 매혹된 사람들을 위한 책이며, 그것 자체가 문명인 건축을 꿈꾸는 사람들을 위한 책이다.

〈우리 옛 건축과 서양 건축의 만남〉 임석재 | 대원사

이 책은 우리 건축과 서양 건축의 비교 건축론이라 할 수 있다. 건물 구성 요소와 건축의 구성 원리, 건물 감상법의 세 파트로 나뉘어 각각의 장에서 구체적인 예를 들어 한국의 전통 건축과 서양 건축을 비교하고 있다. 우리의 옛 건축과 서양 건축의 비교를 통한 만남으로 우리 전통 건축에 숨어 있는 미학을 알려주며, 다양한 서구 건축양식을 쉽게 설명하면서 이해를 도와준다. 이런 점에서 이 책은 여러분의 우리 전통 건축을 바라보는 시각을 더욱 객관적이고 풍요롭게 해줄 것이라 생각한다.

건축학 여행을 위한
기초 지식

건축에 대한 오해와 편견, 그것이 알고 싶다!

Q. 여자가 건축을 전공하는 것은 힘들다?

A. 아니다. 최근 건축학과에 입학하는 여학생의 비율은 빠르게 증가하고 있을 정도다. 그리고 지금의 건축은 경험과 시공만을 중요시하는 과거의 건축과는 다르다. 많은 전문 분야로 발전된 건축은 지식 산업이자 서비스업에 가깝고, 더 이상 한 분야에 의해 이루어지지 않으며, 남성의 손만을 필요로 하지도 않는다.

실제로, 우리나라에는 건축계를 이끌어 가는 많은 여성 건축가들이 있다. 지순, 조계순, 박연심, 김진애, 헬렌 박, 서혜림, 민선주, 황정복 씨 등이 대표적인 분들이다. 인터넷에 이 건축가들의 이름을 검색해 보면 그들의 열정으로 이뤄진 건축물들을 만나볼 수 있을 것이다.

Q. 건축과에는 정말 과제가 많다?

A. 사실 그렇다. 건축과는 1학년 때부터 전공수업이 있어 신입생들이 한두 달만 지나도 눈 밑에 다크서클을 달고 다니기 일쑤다. 많은 과제에 지쳐 심한 피로감을 느끼기 때문이다. 이것은 건축설계 과목의 수업 방식과 과목의 특수성 때문일 것이다.

건축은 이론만의 수업이 아니라 실용의 학문인 만큼 건축설계 수업을 진행하며 매 학기 1개 정도의 프로젝트를 진행한다. 수업방식은 몇 개의 스튜디오로 나눠, 한 스튜디오에

1~2명의 교수와 5~8명의 학생으로 이루어진다. 단순 제도도 그렇지만 아이디어를 내야 하는 설계는 많은 시간을 필요로 한다. 시작하는 시간과 관계없이 밤 12시까지 과제하는 날이 비일비재하다.

또한 계속해서 설계를 수정해야 하기 때문에 정신과 육체가 피로해지는 것은 당연할지 모른다. 잘했든 못했든 매 학기 말 며칠을 밤새워 과제는 제출되고 성적은 평가된다.

물론 시간이 지나 고학년이 되면 교수의 비평이 무섭지도 않아지고, 밤새워 작업을 하는 것도 그리 힘들지 않게 된다.

세상에 즐겁고 재미있기만 한 일은 없다. 건축 말고 더 재미있는 일, 하고 싶은 일이 있다면 얼른 그쪽으로 방향을 돌려라. 하지만 그게 아니라면 여기에 집중해라. 세상의 모든 일은 힘들다. 다만 그 일을 즐겁게 할 때, 그 과정이 재미있을 때 힘든 걸 잊을 수 있을 뿐이다.

Q. 건축과는 3D 업종이다?

A. 아니다. 건축은 창조적 문화 활동이다. 지금, 피라미드의 몇백 배가 넘는 규모의 초대형 건축물들이 세계 곳곳에서 건설되고 있다. 하지만 건설현장은 과거 피라미드를 건설할 때와 마찬가지로 여전히 수많은 노무자들의 인력에 의존하고 있는 실정이다. 이러한 노동 집약적인 건설 산업의 생산 구조는 건설 산업을 3D 업종으로 인식하게 한다. 하지만 건축은 단순히 노동력에 의해서가 아니라 그 시대의 기술력과 디자인으로 발전되어 왔다. 즉, 건축은 창조적 문화 활동이고 정신적 만족감이 높은 일이다. 그런 만큼 건축에 대한 애정과 자신의 일에 대한 보람을 가지고 끈기 있게 접근해야 한다. 어렵고, 더럽고, 위험한 업종으로 취급받고 있

는 건설업을 창조적이고, 신뢰할 수 있고, 경쟁력 있는 산업으로 탈바꿈하기 위해서는 목표의식을 가지고 10년 뒤, 20년 뒤를 꿈꾸며 자신의 모습을 간들어 가야 한다.

Q. 건축가가 되더라도 신축보다는 리모델링만 한다?

A. 유럽의 많은 나라에서는 신축에 비해 리모델링이 차지하는 비율이 점점 높아지는 것이 사실이다. 역사적인 건물과 문화재가 많아 가능하면 도심지 내에서 신축을 억제하고 있기 때문이다. 하지만 더 큰 이유는 환경을 보존하고 무분별한 자원과 에너지를 낭비하지 말자는 측면에서 건물을 오래 사용하고 가능하면 친환경적으로 생활하고자 하는 움직임의 영향 때문이라고 할 수 있다. 참고로 유럽 건축의 수명은 우리나라보다 2~3배에 달한다.

하지만 우리나라에서는 주택보급률의 문제, 사회기반시설의 확충, 지창도시의 활성화 등 해결해야 할 문제가 많이 있고 건축은 그 문제의 중심에 있다. 오히려 해결해야 할 일들이 더욱 많아지고, 건축 관련 분야가 더욱 세분화되고 있어 일거리가 크게 늘고 있는 상황이다. 물론 리모델링도 건축의 한 분야로 지속적인 연구개발이 필요한 분야이다. 라이프 사이클이 바뀌고 새로운 빌딩 타입이 필요하다는 측면에서 더욱 중요하게 생각해야 할 부분이다.

1. 첫 번째 질문 : 어디에 어떻게 지을 것인가?

2. 두 번째 질문 : 어떤 구조로 지을 것인가?

3. 세 번째 질문 : 어떤 재료로 지을 것인가?

4. 네 번째 질문 : 어떤 형태로 지을 것인가?

5. 집을 만들어 보자!

네 가지 질문 고개를 넘어
건축물을 완성해 보자

첫 번째 질문 :
어디에 어떻게 지을 것인가?

여러분은 자신의 방의 크기나 창의 위치를 불평한 적이 있을 것이다. 그와 반대로 사용하기 편리한 것은 관심을 가지고 지켜봤던 적도 있을 것이다. 일상의 주거생활에서 불평을 하거나 관심을 갖게 되는 것은 그 주택이나 아파트를 지을 때 내부의 평면계획과 배치계획을 정확히 하였는가에 따라 대부분 결정된다. 사용하기 불편한 주택은 계획이 좋지 않거나 잘못되어 있는 경우가 많을 것이고, 사용하기 좋은 주택은 잘 짜여진 계획에 따라 건물이 세워졌을 경우가 많다.

이런 일은 주택뿐만 아니라 도시의 공간에서도 마찬가지다. 허술하게 계획된 도시는 주거환경에 나쁜 영향을 주어 많은 사람들을 불편하게 할 것이다. 한편, 도시계획이 잘 되어 있는 오래된 도시라면, 역사적 가치가 있는 건물을 남겨놓은 채 그 지역을 재개발할 수 있다. 이 도시에 살고 있는 사람들은 그 지역에 대한 애착과 매력을 잃지 않을 것이다. 이처럼 좋은 건축과 도시 등은 좋은 계획이 밑바탕되어야 한다.

네 가지 질문 고개를 넘어
건축물을 완성해 보자

문화를 반영하는 건축계획

건축물을 연구대상으로 하는 것을 건축계획이라고 한다. 일반적으로 주택의 배치나 평면계획은 채광, 통풍 등의 자연적 조건과 법 규제, 주변 환경 등의 사회적 조건을 기본적으로 검토하여 계획한다. 그렇게 하지 않으면, 주택의 기능을 충분히 발휘하지 못하기 때문이다. 주택을 설계하는 건축가는 가장 먼저 자연적, 사회적 조건을 정리한 후 '사람들에게 가장 쾌적하고 안전한 주택 공간은 무엇일까'를 검토해야 한다.

우리나라는 단독주택보다 아파트가 차지하는 비율이 대단히 높다. 때문에 건축계획은 연령, 직업, 가족구성 등의 라이프 스타일이 다른 다수의 사람을 대상으로 하는 경우가 점점 많아지고 있다.

그 예로 신문이나 부동산 정보지를 보면 아파트를 소개할 때 2-Bay, 3-Bay, 2DK, 3LDK라고 하는 기호로 그 아파트를 설명하는 것을 볼 수 있다. Bay는 아파트의 남측 방향에 몇 개의 방이 있는가를 이야기하는 것으로, 2-Bay는 방과 거실이, 3-Bay는 거실과 방 2개가 남측에 면해 있다는 것을 말한다. 또 DK는 한 공간에 부엌과 식당이 함께 있는 것을 말하고, LDK는 거실과 식당, 부엌이 한 공

> 도시계획을 할 때는 계획 대상이 되는 공간뿐만 아니라 거기서 활동하는 사람들도 고려해야 한다.

간 있는 것을 말한다. 그 앞의 숫자는 방의 개수를 가리킨다. 이러한 아파트 계획 방식이 생겨난 이유는 고도 경제성장기 주택정책의 일환으로 주택을 대량으로 공급해야 했고 주거생활이 급격하게 서구화되었기 때문이다. 기존의 주택으로는 변화된 생활양식을 수용하기 어려웠고, 대량생산을 위해서는 불특정 다수를 위한 표준화된 주거계획이 필요했다.

최근에는 고층을 넘어 초고층의 주상복합 아파트도 속속 생겨나고 있다. 건축계획은 이러한 새로운 주거양식에 탄력적으로 접근해야 한다.

자연과 공생을 추구하는 도시계획

도시계획을 할 때는 건축계획보다 더 많은 조건을 살펴야 한다. 계획 대상이 되는 공간뿐만 아니라 거기서 활동하는 사람들도 고려해야 하기 때문이다.

도시계획을 위해서는 도시시설의 정비나 도시공간의 환경을 담당하는 공학기술과 지역의 특징을 살려 도시를 만들기 위한 사회기술이 필요하다. 그래서 건축학의 영역에 머무르지 않고 토목공학과 사회공학, 환경공학, 지리학 등 다양한 학문을 포함한 연구가 필요하다. 또 실제 도시계획에서는 건축계획과 같이 한 사람의 계획전문가, 즉 건

건축계획의 연구대상은 모든 건축물

건축계획의 연구대상은 주택뿐만 아니라 여러 용도의 모든 건축물을 포함한다. 공장, 오피스빌딩, 백화점, 학교, 극장, 영화관, 도서관, 박물관, 미술관, 병원시설 등을 연구하는 것이다. 예를 들면, 공공건축은 이용자의 편리성과 쾌적성을 생각하지 않으면 안 된다. 병원이라면 환자의 프라이버시 보호를 목적으로 하는 공간이어야 하고, 학교라면 학년에 따라 학습 환경에 더욱 적합한 공간으로 만들어야 한다. 즉 인간이 사용하기 편리한 공간으로 만드는 것은 물론 심리적인 측면까지 연구과제로 삼고 있다. 이 외에도 터미널, 국제공항 등은 주변에서 어떻게 접근하느냐 하는 것이 중요하기 때문에 건축의 평면계획뿐만이 아니라 주변 환경을 포함한 여러 조건을 맞추어 나가면서 배치와 평면계획을 행하여야 한다. 고령화 사회로 진입한 우리나라는 최근 고령화 사회에 필요한 시설도 연구대상으로 하고 있다.

이러한 연구를 통해 건축계획은 개개 요소에서부터 계획, 설계의 완성에 이르기까지 기초자료뿐만 아니라 그 건물을 전체적으로 이해할 수 있도록 건물의 모든 용도별 건축계획의 구체적 자료를 보여준다. 이것을 건축계획 각론이라 한다. 특히, 실무에서 건축계획각론은 설계를 시작할 때 주어진 용도의 건축물에 대한 기초지식은 물론 세부사항까지 습득하기 위한 자료로도 쓰인다. 건축가가 다양한 용도의 건축물에 대해 전문적 지식을 전부 습득하기란 어려운 일이다. 그러므로 건축가는 연구물의 성과인 건축계획각론을 통해 자료를 수집하고 이해의 폭을 넓히면서 실무에 반영해 간다.

건축가는 단순히 건물을 설계하는 사람이라기보다 지역환경을 읽어내는 안목을 갖춘 전문가로 새롭게 자신의 위치를 확립시켜야 할 것이다.

축가 혼자 계획하는 경우는 없다. 여러 분야의 전문가는 물론이고 지역주민까지도 지역계획에 참가하게 된다.

연구측면에서 도시계획은 좀 더 세분화되어 있다. 도시 기반시설 정비, 토지이용, 교통, 경관, 방제, 주택, 도시해석, 환경보전 등 많은 분야에 걸쳐 연구를 하고 있다. 최근에는 컴퓨터를 이용한 지리정보시스템(GIS)과 컴퓨터그래픽(CG)을 활용해 도시의 미래상을 시뮬레이션하는 것이 가능해져서 더욱 활발한 연구가 진행되고 있다. 또한 지구환경에 대한 관심이 높아져 친환경 도시계획에 따른 양질의 도시환경을 실현하기 위한 연구가 계속되고 있다.

최근 외국의 여러 도시계획 분야에서 시민참가의 중요성이 증가하고 있다. 아직까지 일반화하기는 어렵지만 도시환경과 도시계획상의 여러 문제를 살펴보더라도 도시의 주인공인 시민의 참가는 점점 증가할 것이다. 이른바 도시에 사는 사람들의 개성을 중요시 여기고 시민이 참여하는 마을 만들기의 시대가 온 것이다.

여기서 말하는 마을 만들기의 관심은 단순히 물리적 환경의 정비뿐만이 아니라 아이들의 교육문제는 물론 고령화 사회를 대비한 노인대책과 세대 간의 관계 등 시민생활 전반에 걸쳐서 영향을 미치고 있다.

네 가지 질문 고개를 넘어
건축물을 완성해 보자

시민이 주체가 되는 마을 만들기 시대에 건축가는 단순히 건물을 설계하는 사람이라기보다 지역환경을 읽어내는 안목을 갖춘 전문가로 새롭게 자신의 위치를 확립시켜야 할 것이다.

건축물을 객관적, 종합적인 시점에서 보는 훈련을 받은 건축가는 동시에 마을을 객관적, 종합적으로 보는 시각도 가져야 할 것이다. 건축을 목표로 하는 학생들은 지금부터 건축을 보는 눈을 갖도록 하자.

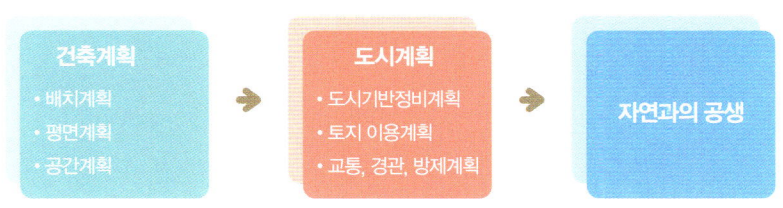

자연과 공생을 추구하는 도시계획

좋은 계획을 위해 알아야 하는 것들

	건축디자인	건축이론	건축사
중심테마	건축미	건축이란 무엇인가	역사의 사실
목적	건축물의 미적인 메커니즘을 기술적으로 살펴본다.	건축물의 사회적, 문화적인 메커니즘을 살펴본다.	역사적인 건축물을 객관적으로 평가한다.
	건축계획에 살려나간다.		장래의 건축계획에 반영한다.

건축디자인, 건축이론, 건축사의 차이

건축사

건축사는 건축과 인간사회의 다양한 관계 방식을 과거의 역사를 통해서 조사하고 연구하는 학문이다. 즉, 인간의 다양한 문화가 만들어 놓은 건축양식과 건축을 배울 수 있다.

건축의 역사는 집을 만드는 것에서 시작했다. 그리고 그 시대의 사회제도, 사람들의 생활환경, 생활양식의 변화에 따라 여러 용도의 건축물을 만들어 왔다. 아무리 작은 건축물일지라도 과거의 건축물과 차이를 갖게 된다. 이처럼 그 시대의 기술력과 그 지역의 문화를 반영하기 때문에 건축은 시대의 거울이라고 한다. 즉 건축이 만들어지는 배경이 되었던 당시의 기술과 문화, 사람들의 생각을 남겨놓은 건축물과 사료에서 무엇인가를 찾고 검증하는 것이 건축사이다.

조선시대의 건축은 궁궐건축, 사찰건축, 주택건축, 성곽건축 등 다양한 건

네 가지 질문 고개를 넘어
건축물을 완성해 보자

축양식을 보이고 있다. 우리나라의 건축은 고유문화는 물론 외태문화의 기술을 흡수하면서 발전해 왔다. 특히, 20세기를 시작으로 한 근대 건축과 모더니즘의 영향으로 우리의 생활방식은 물론 건축물에서도 우리 실정에 맞는 독특한 흡수와 변형의 방법으로 많은 건물을 만들어 냈다. 우리나라만 외래의 문화와 기술의 영향을 받은 것은 아니다. 그리스 신전과 같은 건축양식 역시 그 시대보다 앞선 이집트 문화에 강한 영향을 받았다. 건축은 기술뿐만이 아니라 각 지역의 풍토와 전통, 생활 습관과 유행 등 모든 요소를 표현하고 있다. 결국 건축사학은 건축의 문화유산을 통하여 건축의 본질을 탐구하는 것이며, 과거를 통해서 현재를 더욱 쉽고 깊게 알게 하여 미래상을 구상하기 위한 것이다.

건축디자인

어떻게 하면 아름답고 좋은 건축물을 만들 수 있을까를 연구하는 것이 건축디자인이다. 즉, 건축디자인은 아름다운 건축물의 공간구성과 건축미를 나타내는 방식을 연구하고 동시에 건축이 어떻게 문화를 만들어 가는가에 대해 연구한다. 또한 건축디자인은 때에 따라서 건축 의장(意匠)이라 불린다. 의장(意匠)을 오래된 말로 느끼는 사람도 많을 것이다. 의장이란 '궁리를

좋은 계획을 위해서는 건축사, 건축이론, 건축 디자인을 알아야 한다.

하다'라는 의미의 옛말로 서구적인 교육이 이루어졌을 때, '디자인'을 뜻하는 말로 새로이 사용된 것이다. 이미지(意)를 형태로 완성한다(匠)는 아름다운 말로 건축 디자인의 본질을 나타낸다.

실제로 건축을 디자인하는 일은 여러 조건과 프로그래밍을 통해서 진행되고, 건축의 목적과 디자인의 본질적 의미를 항상 포함하게 된다. 건축가가 공간을 만든다는 것은 건축디자인의 의미에서 두 가지로 나눌 수 있다.

첫째, 공간의 목적과 역할을 이해하고 공간을 사용하는 사람을 위해서 생각과 뜻을 집중하는 것이다. 둘째, 공간을 더욱 아름답게 만들기 위해 노력하는 것이다. 건축 디자인은 개인의 미적 개념을 추구하는 것이 아니라 사회성과 문화성을 반영해야 하는 것이다. 따라서 건축이 갖는 사회적 책임과 디자인이 바르고 가치 있는 길로 나아가기 위해서는 타 분야와 공동작업을 하지 않으면 안 된다. 건축을 종합예술이라고 하는 이유가 바로 여기에 있다.

건축이론

건축이론은 '건축이란 무엇인가'를 생각하는 학문으로 사회적인 측면에서 건축의 본질을 탐구한다. 따라서 건축가는 건축물을 설계할 때 스스로에게

계속 질문하는 것이 중요하다.

건축은 각 시대는 물론 사회나 지역에 따라 의미가 조금씩 달라진다. 예를 들면 주택은 가족이 생활하는 곳이라는 점에서 변함이 없지만 사회적으로 보면 어느 시대에는 도시계획이 중요한 중점이 되고, 어느 시대에는 개인의 소유와 취향이 중점에 놓이는 것을 알 수 있다. 건축은 시다를 불둔하고 사회와 떨어질 수 없다. 다양한 건축물을 통하여 건축의 의미와 존재방식을 연구하는 것이 건축이론의 큰 특징이다.

건축계획과 도시계획의 차이는 무엇일까?

장소 – 건축물을 어디에 계획할까?

건축계획은 빈 땅에 건축물을 계획하지만, 도시계획은 신도시건설 등을 제외하고는 빈 땅에 도시 전체를 한 번에 계획하지 않는다.

도시계획은 기존의 도시에 물리적으로 개입하여 새로운 공간을 설계해 가는 것을 말한다. 도시를 조금씩 수정해 가기 때문에 기존 도시의 평가가 중요하다. 그래서 도시를 계획한다는 것은 그 도시의 존재방식을 총괄한다고 할 수 있다.

계획 – 계획대로 진행할 수 있을까?

건축은 계획을 통해 모두 만들 수 있지만 도시는 불가능하다. 도시를 계획할 때 계획의 조건은 막대하여 처음부터 모두 조직화하여 계획하는 것은 불가능하다.

또, 도시계획의 대상인 토지는 국가 소유로 한정되어 있지 않다. 개인 소유의 토지는 토지이용의 규제와 건축물 형태의 규제 등 건설행위에 대하여 조정할 수 있다. 따라서 단계적으로 계획과 제를 정리하고 예측 불가능한 문제를 계획에 종합하는 시스템을 계획안에 포함시키는 것이 중요하다.

네 가지 질문 고개를 넘어
건축물을 완성해 보자

시간 – 얼마나 걸릴까?

도시계획을 실현까지는 긴 시간이 필요하다. 사회, 경제 정세가 변화하거나 새로운 계획과제가 부상해 계획 자체를 변경하게 되는 경우도 많다. 긴 시간에 걸쳐 도시계획의 입안 방법과 계획변경의 틀을 확실히 확립할 필요가 있다.

또한 도시의 과제는 시대에 따라 변화하고 있다. 미래의 도시상이란 어떠한 것인가 하는 과제를 도시계획 입안단계에서부터 생각해 계획안을 세워야 한다.

의사결정 – 얼마나 빠르게 진행될까?

건축은 건축주가 있어서 의사결정이 빠르게 진행되지만, 도시는 그렇지 않다.

도시계획은 넓은 지역의 많은 거주자와 토지 소유자를 상대하기 때문에 계획입안 과정이 민주적이고 투명해야 한다. 때로는 관계자가 많기 때문에 관계자 간의 이해가 대립할 수도 있다. 따라서 도시계획을 결정할 때 여러 관계자 간의 합의나 조정 방법을 개발하는 것은 도시계획의 주요한 대상이 된다.

두 번째 질문: 어떤 구조로 지을 것인가?

여러 건축물들은 구조와 재료를 이용하여 지진과 태풍, 바람, 비 등과 싸우면서 발전해 왔다. 자연계의 외력을 견디기 위한 안전성이 없으면 건축물은 인간의 생명을 지키는 것이 불가능하다. 때문에 역학과 공학 등의 지식과 기술을 이용하여 경제적이면서 안전한 구조기술이 필요하게 되었다.

먼 옛날 움막의 형태는 단지 긴 갈대다발을 이용하여 바람을 피할 수 있는 공간이었다. 하지만 구조의 발달로 더 나은 내부공간을 가진 움막이 생겨났다. 고대 로마시대의 신전건물은 엄청난 규모의 기둥이 지붕을 받친 형태였지만 구조기술의 발달로 돔 구조에 의한 새로운 기능을 가지는 내부공간이 탄생하였다. 또한 과거에는 생각조차 할 수 없었던 엄청난 높이의 초고층 건축물이 계속 지어지고 있다. 이렇게 발전할 수 있었던 것은 물리의 역학지식과 구조기술을 계속 발전시켜 왔기 때문이다. 이러한 역학지식을 바탕으로 한 구조기술을 연

네 가지 질문 고개를 넘어
건축물을 완성해 보자

구하는 것이 건축구조이다.

구조는 건축물에서 생활하는 사람의 안전과도 직접적으로 관련하기 때문에 아주 중요한 분야라고 할 수 있다. 특히 안전성을 기본으로 하는 건축구조물의 골조는 우리 인체와 비교할 수 있다. 인체의 뼈대가 건축물의 기둥과 보와 같이 건물을 지탱해 주는 골조라면, 인체의 여러 장기는 건축물의 기계설비, 인체의 피와 근육은 전기시설과 설비의 배관이라 할 수 있다. 이와 같이 건축구조는 건축물의 뼈대나 골조를 연구하는 학문이다.

건축구조는 외부의 힘에 저항해 공간을 형성하는 것을 말한다. 따라서 건축물에서 구조체는 기둥과 보 그리고 벽체 등 건축물의 뼈대가 된다. 따라서 건축물에 필요한 모든 성능을 만족시키는 합리적인 재료와 구성방법을 찾아야 한다.

종종 건축계획을 전공하는 학생이나 심지어 건축설계, 시공 등을 전공하는 기술자까지도 구조는 구조를 전공하는 사람들의 몫으로 생각하는 경향이 있다. 그러나 훌륭하고 멋진 건축전문가가 되기 위해서는 구조를 기본적으로 알아야 한다.

건축물을 만들 때는 먼저, 어떤 재료를 사용하여 구조체를 만들지 생각한다. 최근에는 여러 재료를 선택할 수 있지만 과거에는 일반적으로 구하기 쉬운 자연재료를 사용했다. 그래서 건축재료는 그 지역의 기후풍토와 내구성 그리고 경제성에 맞게 개량되어, 각각의 구조재료에 가장 잘 어울리는 구조방법을 만들어 왔다. 산업혁명 이후 새롭게 개발된 철과 콘크리트 등의 재료는 세계 어디서나 사용되고 있다.

건축의 구조는 하나의 건축물에 다른 구조재료를 사용하는 경우와 2개의 구조방법을 조합하여 더욱 튼튼한 구조체를 만드는 경우가 있다. 예를 들면, 고층빌딩에서 사용하는 철골, 철근콘크리트 구조는 철골과 철근콘크리트의 두 가지 특성을 살린 구조방법이다. 또, 철근콘크리트 구조 위에 벽돌이나 목재를 붙이는 혼합구조도 있다. 최근에는 전통적 구조형식과 구조재료의 발전에 따라 구조형식도 다양화되고 있다.

네 가지 질문 고개를 넘어
건축물을 완성해 보자

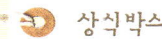 상식박스

재료들의 특징 알아보기!

골조를 만드는 구조재료는 골조의 강도와 형태를 결정하는 중요한 요소이다. 현재 골조로 많이 쓰이고 있는 구조재료의 특색을 알아보도록 하자.

목재(Wood)

목재를 접합하여 건물의 뼈대를 구성한다. 가볍고 가공성이 좋은 반면 쉽게 연소되고 부패한다. 또한 큰 단면이나 긴 부재를 구하기 어려워 이러한 단점을 개량한 가공재가 쓰이기도 한다. 일반적으로 3층 이하의 저층 주택과 같이 비교적 소규모 건축물에 적합하다.

철근콘크리트(Reinforced concrete, RC)

콘크리트와 철근으로 구성된 복합재료로 인장강도(잡아당기는 힘)가 적은 콘크리트를 인장강도가 강한 철근으로 보강하여 서로의 단점을 보완했다. 철근콘크리트 구조는 내구성, 내화성이 뛰어나지만 시공 과정이 복잡하고 균일한 시공이 어렵다. 최근에는 고강도 콘크리트와 고강도 철근이 개발되어 40층 이상의 건축물도 건설하게 되었다.

철골(Steel)

강재로 만들어진 H형, I형, ㅁ형 등의 단면을 갖는 철골부재를 볼트나 용접으로 접합하여 뼈대를 구성한다. 재료의 강도가 크며 지진에 강해 초고층 건축물과 큰 공간에 적합하다. 철골구조는 공장에서 제작한 부재를 현장에서 조립하는 건식방법을 사용한다. 따라서 공사 기간이 단축되고 질 좋은 건축물을 만들 수 있으나, 화재에 약하고 녹슬기 쉽다.

철골 철근콘크리트 구조(Steel reinforced concrete, SRC)

건축물의 뼈대를 구성하는 주요 구조부분을 강재로 만들고 철근과 콘크리트로 보강하여 내화성, 방청효과를 높이는 구조이다. 이 구조는 불에 약하고 녹슬기 쉬운 단점을 콘크리트를 씌워 보완한다. 내구성, 내화성, 내진 성능이 뛰어나 고층이나 대규모 건축물에 적합하다.

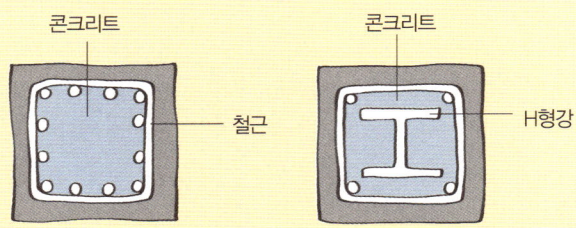

RC와 SRC 기둥의 구조

다양한 구조형식 알아보기!

시간이 지나면서 과거의 건축재료와 새로운 재료를 이용한 구조형식이
만들어졌다. 그중에서 가장 많이 사용하는 구조형식의 장단점에 대해 살
펴보자.

조적식 구조(masonry structure)

건축물의 뼈대를 이루는 벽체를 벽돌, 블록, 돌 등의 재료르 만들고, 모르
타르(mortar)를 사용하여 쌓아 올린 구조이다. 서양의 교회건축에서 볼 수
있는 구조로 고도한 조적기술에 따라 아치, 볼트, 돔 등의 독특한 공간을
만들 수 있다. 건축물을 벽체로 지지하기 때문에 건물의 크기에 따라 벽
을 매우 두껍게 해야 하고, 건축물 자체의 무게도 그만큼 무거워진다. 조
적식 구조는 재료의 강도와 모르타르의 접착력에 따라 구조체의 강도가
결정된다. 하지만 지진 등의 수평방향의 힘에 매우 약하기 때문에 충분히
보강해야 한다.

가구식 구조(framed or post & lintel structure)

가늘고 긴 부재를 이음, 맞춤, 조립의 순서에 따라 뼈대를 만드는 구조방
식으로 목 구조, 철골 구조, 트러스 구조 등이 있다. 기둥과 보의 접합방
식에 따라 라멘(Rahmen)구조와 트러스(truss)구조로 나누어진다. 특히, 기
둥과 보가 강하게 접합되어 일체화된 구조를 라멘(Rahmen)구조라고 한
다. 기둥과 보만 건축물의 무게와 외부의 힘에 영향을 받기 때문에 벽을

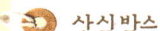

상식박스

자유롭게 배치할 수 있다. 또한 입구나 창의 위치와 크기를 선택할 수 있기 때문에 자유도가 높은 구조라고 말할 수 있다. 다만, 기둥과 보의 접합방법과 부재의 조합방법에 따라서 강도가 약할 수 있기 때문에 확실한 구조계산이 필요하다.

일체식 구조(rigid frame structure)

기둥과 보, 벽과 바닥 등 구조체의 각 부분이 연결되어 있는 구조이다. 일반적으로 철근콘크리트와 같이 형틀 안에 콘크리트를 부어 넣어 굳히는 방법을 사용한다. 일상에서 자주 보는 철근콘크리트, 철골 철근콘크리트의 빌딩은 가구식 구조 공업기술이 발달한 20세기 이후의 건축물에 보급되어 온 구조방법이다. 이 방법은 접합부가 없어서 지진과 화재에 강하고 설계상 자유도가 높다.

벽식 구조(bearing wall structure, slab & wall system)

슬래브와 벽이 건물의 무게를 해결하는 방식이다. 우리나라 아파트는 주로 이 방법을 사용하고 있다. 기둥이 모서리의 공간처리를 제약하지 않고 보의 크기에 의한 층 높이의 증가를 피할 수 있으며 공사비를 많이 줄일 수 있는 장점이 있다.

네 가지 질문 고개를 넘어
건축물을 완성해 보자

세 번째 질문:
어떤 재료로 지을 것인가?

현대의 건축물은 철골, 유리, 타일, 알루미늄 등 다양한 재료를 사용하고 있다. 과거에는 건축물에 목재나 석재, 벽돌 등의 재료를 주로 사용하였고 안정감이 있는 상자형태로 지어지는 것이 일반적이었다. 그러나 지금은 철골과 철근콘크리트, 유리 등을 잘 조합하여 디자인이 자유로운 건물이 많이 생겨났다. 또 이전에는 생각할 수 없었던 초고층 빌딩과 거대한 규모의 건축도 가능하게 되었다.

이것이 가능하게 된 것은 건축 구조기술의 발달과 함께 건물에 이용되는 재료가 비약적으로 진보했기 때문이다. 건축재료 하나하나의 특성을 살려 약점을 보완하고, 내구성을 높여 건축 용도에 적합한 재료를 연구, 개발하는 것이 건축 재료학이다.

재료연구의 중심 – 철근콘크리트

건축재료에는 건물의 골조재료로 사용하는 구조재와 지붕이나 외벽

그리고 내장으로 사용하는 재료인 마감재가 있다. 주로 건축의 분야에서 연구하는 것은 구조재이다. 구조재에는 주로 주택에서 사용하는 목재와 비교적 높은 빌딩에서 이용하는 철근콘크리트와 철골이 있다.

'재료학＝콘크리트의 연구'라고 볼 정도로 콘크리트는 건축재료에서 중요한 위치를 차지한다. 빌딩과 아파트 등의 구조재에 이용되는 철근콘크리트는 잡아당기는 힘(인장력)에 강한 철근과 누르는 힘(압축력)에 강한 콘크리트를 조합하여 다른 재료에서는 볼 수 없는 강도 높은 기둥과 벽, 바닥 등을 만든다.

콘크리트는 자갈과 모래 등의 골재를 시멘트, 물과 잘 혼합하여 만든다. 골재에는 자갈과 쇄석(깬 자갈)의 굵은 골재와 모래 등의 잔 골재가 있다. 콘크리트는 굵은 골재를 사용하고 잔 골재를 사용한 것을 모르타르라고 한다. 또 골재를 전혀 쓰지 않고 시멘트와 물을 반죽한 것을 시멘트풀이라고 한다. 물과 시멘트를 혼합할 때 물의 양이 적다면 뻑뻑한 반죽이 되어 작업하기 어렵다. 물이 많은 콘크리트는 작업하기 좋은 반면 강도나 내구성은 나빠진다.

이렇게 재료학의 연구는 콘크리트의 비율과 다른 재료를 첨가해 내구성을 높이는 데 중점을 두고 있다. 최근에는 지구환경을 생각해 철거 시 폐자재가 되는 철근콘크리트를 재활용하는 연구와 기존 건축물이

네 가지 질문 고개를 넘어
건축물을 완성해 보자

나 역사적인 건축물의 유지, 보존에 관한 연구 등을 활발히 진행하고
있다.

건축재료와 밀접한 관계가 있는 건축시공

건축시공은 건축재료의 특성을 살려 공정을 관리하며, 공사기간을 단
축하고 경제성을 향상하는 데 목적이 있다.

건설회사 간 입찰경쟁을 시작으로 가격경쟁 등이 치열하고, 경쟁에서
이기기 위해 적극적으로 새로운 시공기술을 개발하고 있다. 하지만
건축시공은 저출산 고령화 사회로 인한 건설인력의 문제, 에너지 관
리대책에 따른 신기술, 신공법 개발의 문제 등을 안고 있다. 때문에 최
근 건축시공에서는 기계화에 따라 새로운 시공 시스템의 연구와 시공
로봇을 사용한 무인화 등의 연구를 적극적으로 진행하고 있다.

그러나 새로운 시공기술이 오히려 건축의 자유로운 발상을 정해진 틀
에 끼워 맞추게 하는 역효과를 가져왔다. 건축의 다양한 세계를 실현
하기 위해서는 새로운 기술뿐만 아니라 전통적인 기술도 중요하게 생
각하여야 한다.

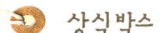

상식박스

좋은 건축을 위해 꼭!
고려해야 하는 환경

아무리 디자인이 좋고 튼튼한 건물이라도 실내의 환경이 나쁘면 결코 좋은 건물이라고 할 수 없다. 실내 환경이 열악하면 생활하는 데 불편함은 물론 건축물로서 본래의 기능을 충분히 수행할 수도 없다. 건축물에서 실내 환경의 좋고 나쁨은 건축물의 기능에 크게 영향을 주는 요인이다.

건축환경을 구성하는 요소에는 열, 소리, 공기, 바람이 있다. 빛은 자연의 채광과 인공조명, 열은 냉방과 난방, 소리는 차음과 방음, 공기는 환기, 바람은 통풍을 잘 조절하여 쾌적한 환경을 만든다. 이러한 기본적인 요소를 인간에게 더욱 좋은 환경이 되도록 조절하는 것이 건축환경공학이다.

건축환경공학은 실험을 통해 데이터를 수집, 해석하는 중요한 역할을 한다. 예를 들면, 피부와 체내온도가 조정 가능한 인체모형을 만들어 실내 환경의 변화와 인체의 열 흐름 관계를 데이터로 수집하고 해석한다. 또, 인공 기상실을 만들어 온도와 열의 변화가 인간의 쾌적, 불쾌적에 어떠한 영향을 주는가를 생리학적, 심리학적인 측면에서 조사하기도 한다.

환경에 대한 관심이 높아지면서 건물 내부와 도시는 물론, 지구환경의 영향까지도 연구대상이 되고 있다. 건축의 연구대상의 폭이 넓어진 것은 도시의 고층빌딩 출현, 근대적인 건축설비의 보급과 함께 다량의 에너지를 소비하고 이산화탄소를 배출하는 시스템을 만들어 왔기 때문이다. 이 건축이 주변 환경에 주는 부담을 무시할 수 없는 상황이 되었다.

예를 들면, 고층빌딩은 주변의 일조와 통풍 등의 환경에 영향을 준다. 최근에는 건축물의 건설에서 운용, 개선, 폐기까지 건축이 평생 소비하는 에너지나 CO_2의 배출량을 분석하는 환경영향평가 기법도 생겼다.

네 가지 질문 고개를 넘어
건축물을 완성해 보자

조경은 건축가들의 몫이 아닌가?

인간은 유사 이래로 자연 환경과 상호 관계를 맺어왔다. 사람들이 살아가는 주변 환경을 더욱 아름답고 조화롭게 만드는 것을 조경(Landscape Architecture)이라 한다. 이러한 의미에서 조경의 역사는 곧 인류의 역사라고도 할 수 있다.

조선시대의 향기를 담고 있는 비원, 프랑스 루이 14세의 권력을 상징하는 베르사유 궁전의 정원, 감미로운 기타 음이 연상되는 스페인의 알함브라 궁전의 정원. 이런 역작들은 조경작품의 극치를 보여준다.

하지만 조경은 이처럼 권력층과 부유층의 유희공간만을 창조하는 것은 아니다. 산업혁명 이후 열악해져 가는 도시환경을 치유하기 위해 시작된 '대중 공원운동'에 힘입어 조경의 역할이 바뀌기 시작했다. 궁전의 정원을 꾸미는 것으로부터 사회성과 공공성을 띤 예술로 탈바꿈하기 시작한 것이다. 20세기 미국의 대학교에 조경학과가 개설되면서 현대적인 의미의 조경교육이 시작되었다. 이로부터 '조경학'은 하나의 학문으로 그 틀을 이루게 되었다.

조경학은 예술과 과학적 지식을 활용하여 인간생활의 기본 토대인 도시와 자연경관을 아름답고 기능적으로 계획하는 것을 목적으로 한다. 조경학은 복잡한 생태학에 대해서 연구하며 인간과 문화에 대해서 공부한다. 또한 여러 분야에 대한 기본지식과 함께 이들 분야를 어떻게 활용할 것인가에 대해 체계적으로 연구한다.

그런데 왜 이러한 역할을 건축가가 아닌 조경가가 하게 되었을까? 미국의 조경가인 노만 뉴톤은 저서에서 "경관이란 그 위에 배치된 공간과 시설을 안전하고 효율적이면서, 건강하고 쾌적하게 사용하기 위한 예술과 과학에 따른 대지의 각색"이라고 이야기하였다. 이것은 건축을 포함한 도시공간을 계획하기 위한 선구적 역할자로서 조경가의 위상을 말한다.

'나무는 보고 숲을 보지 못한다' 라는 말은, 작은 것만 보면 더 큰 부분을 볼 수 없다는 의미이다. 도시에서 조경가가 필요한 능력은 숲을 보는 일일지도 모른다. 도시라고 하는 거대한 숲을 보는 능력뿐만 아니라 그 숲을 구성하는 작은 요소인 건축, 길, 하천, 공원 등을 파악하고 그것을 묶는 능력도 필요하다. 그러나 모든 요소를 한 사람이 상세하게 이해하는 것은 불가능하다. 때문에 많은 전문 분야의 사람들과 공동작업으로 도시를 만들어 내는 시스템을 만들어야 한다.

네 가지 질문 고개를 넘어
건축물을 완성해 보자

자, 어디에 어떻게 어떤 구조와 재료로 지을지 결정했다면, 이제 본격적으로 설계에 들어가 보자.

설계란 건축가의 생각을 구체화하는 과정으로, 건축가의 아이디어가 실제로 구현될 수 있도록 도면화하는 것이다. 문학가는 자신의 생각을 문자를 통해 구체화하고, 음악가는 오선지에 음표를 그려서 자신의 생각을 구체화한다.

그렇다면 건축에 대한 생각은 어떤 방식으로 구체화할 수 있을까? 설계도면이 그것이다. 물론 생각하는 사람과 구현하는 사람은 다르다. 음악에서 작곡하는 사람과 연주하는 사람이 다르듯이 말이다. 작곡자는 오선지에 자신의 생각을 표현하지만 그것을 실제로 연주하는 사람은 전혀 다른 사람인 것처럼, 건축가는 자신의 생각을 시공자를 통하여 구현한다.

건축설계는 단순한 물건을 만드는 것이 아니기 때문에 복잡한 과정

(process)을 거쳐서 실현된다. 일반적으로 그 과정은 기획, 기획설계, 계획설계, 기본설계, 실시설계, 시공 등의 순서로 진행된다. 각 단계에서 어떤 일을 하는지 살펴보자.

기획 건축주가 건물의 건립목적과 내용, 규모 등을 결정한다.

기획설계 기획단계에서 수립된 내용이 실제로 실현될 가능성이 있는지 검토한다.

계획설계 본격적인 설계과정으로 건축가는 자신의 건축적인 아이디어를 구체화한다. 기술적인 면보다는 미적인 관점에서 디자인한다.

기본설계 계획설계와 실시설계를 연결하는 과정이다. 계획설계에서 나온 안을 실현할 수 있도록 기술적으로 검토하고 계획설계 과정에서 누락되거나 다루지 못한 부분의 디자인을 완성한다.

실시설계 기본설계에서 결정된 디자인과 기술적인 상황을 바탕으로 각종 도면을 작성한다.

시공은 설계자가 작성한 도면을 바탕으로 건물을 짓는 과정이다. 설계상의 문제점이나 시공의 편의 또는 시공 도중에 발견된 새로운 사항들은 설계자나 감리자와 논의하여 수정, 보완해야 한다.

'건축을 한다'는 것은 오케스트라 연주와 비교할 수 있다. 지휘자는

네 가지 질문 고개를 넘어
건축물을 완성해 보자

건축의 과정

기획 Planning		설계 Design		시공	사용	해체/폐기
기획 Program	기본계획 Planning	기본설계　실시설계				재생
기획설계 목적, 의도 콘셉트 확립	계획설계 건축계획 구조계획 설비계획					

음색이 다른 악기를 연주할 위치에 정하고, 서로의 음을 혼합해 조화로운 곡이 되도록 지휘한다. 그것은 건축가를 중심으로 건축을 만드는 행위와 비슷하다. 건설을 하는 도중 여러 요소가 대립하거나 모순이 생기기도 하지만 그것을 하나의 건축으로 정리하여야 한다.

기획과 기획설계(Programming) – 건물의 이미지를 그려나가는 작업

기획이란 한마디로 건물의 개요와 성격을 결정해 가는 작업이라 할 수 있다. 기획 후에 공간을 구체화하기 위해 설계나 시공 과정을 거쳐 건물이 완성된다. 기획이 없이는 건축도 있을 수 없다.

기획은 크게 2단계로 나눌 수 있다. 첫 번째 단계에서는 건물의 설계를 요구한 건축주나, 건물을 실제로 사용하는 사람들의 요구를 실현하기 위해 기술적, 경제적, 사회적 법규적인 측면에서 검토와 분석을 한다. 어느 장소에 어느 정도의 규모와 면적으로 만드는가, 그 건물의 성격은 어떠하여야 되는가, 누가 어떻게 사용하는가, 예산은 어느 정도인가 하는 복잡하게 얽혀있는 다양한 조건을 조사하여 서로의 관계를 분석하고 하나로 정리하여 설계기준이 되는 여러 조건으로 다듬는다. 이 단계를 기획이라고 한다.

> 기획과 기획설계는 건물 이미지를 그려 나가는 것이다.

두 번째 단계는 기획설계이다. 이 단계에서는 1단계의 성과물인 목적에 적합한 설계기준을 기초로 하여 건축의 기본적인 공간구성을 계획하고 나아가 구조, 설비라고 하는 기술적인 면까지 구체적으로 검토한다.

1단계의 기획에서 중요한 점은 그 건축을 만드는 목적이나 의도를 명확히 하는 일이다. 왜 건물을 만드는가, 어떻게 사용하는가 하는 문제가 애매모호하면 모처럼 고생하여 만든 건물도 결과적으로 사용이 불편하게 된다.

다음으로 중요한 것은 건축의 구체적인 형태와 공간을 만들기 위해서 근본적인 개념을 세우는 일이다. 무엇을 어떻게 만들까, 어떻게 존재해야 할까 등 건축이 세워지는 의미와 생각이 표현된 개념은 기획, 설계, 시공이라 하는 작업의 과정에 기초가 되는 중요한 존재이다. 다양하고 많은 요구조건은 이 개념을 기초로 정리해 일체화시킨다. 명확한 개념이 없이는 공동작업의 집대성이라 할 수 있는 건축을 만들 수가 없다.

개념을 정할 때 어느 건축에서나 생각해야 하는 중요한 점이 있다. 건물이 세워지는 토지에는 고유의 문맥(Context)이 있다. 문맥은 기후,

네 가지 질문 고개를 넘어
건축물을 완성해 보자

풍토, 역사, 문화라고 하는 그 장소의 배경을 의미한다. 건축을 만들 때에는 대지의 문맥을 주의깊게 살펴보고 그것을 개념 안에서 충분히 활용하여 주변의 환경과 조화를 꾀한다. 또한 장소가 갖고 있는 힘이나 매력을 최대한 끄집어내는 노력이 필요하다. 대지의 상황을 면밀히 분석하고 정보를 수집하는 일은 문맥을 읽는다는 것뿐만이 아니라 법규적인 확인이라는 작업도 포함한다.

건축을 실현하기 위해서는 필수적으로 사회적, 경제적 측면을 고려해야 한다. 특히 기획에서 건물의 규모와 면적의 산정, 예산의 검토는 중요하다. 또한, 건물이 완성된 후에 생길 일도 미리 생각하지 않으면 안 된다. 건축을 누가 어떻게 사용하는지 장래의 기능변경과 증개축에 대처 가능한지 등 기획 단계에서 검토할 필요가 있다. 또한 이러한 조건들을 확실한 개념으로 정리하여 건축의 전체 이미지를 그려나가야 한다.

계획설계 (Planning) – 건축을 구체화하는 과정

계획설계(Planning)는 기획설계를 통해 제시된 건축의 전체적인 틀을 더욱 세밀하게 검토하면서 여러 문제를 해결하는 것이다. 즉, 건축의 모양과 공간을 구체적으로 생각해 가는 작업이다.

계획설계는 건축계획, 구조계획, 설비계획으로 구분할 수 있다. 먼저, 건축계획부터 살펴보자. 비바람을 견뎌내고 인간을 보호하는 은신처 (Shelter) 기능에서 출발한 건축은 현재 다양한 기능을 갖게 되었다. 건축의 내부에서 많은 사람들이 하루를 보내고 있다. 예를 들어, 대부분의 시간을 주택에서 보낸다. 때문에 주택에서는 가족 구성원 개개인에 어울리는 방의 배치, 신체치수에 적합한 가구, 쾌적한 생활을 위한 설비 등이 필요하다. 오피스 빌딩이라면 회사에 이익을 주기 위해 많은 사람들이 정해진 시간 안에서 다양한 일을 하며 보낸다. 또한 미술관이라면 많은 관람객이 방문하여 다양한 작품을 감상하고 때로는 워크숍 등을 통해서 작품을 제작하기도 한다. 따라서 미술관은 미술품을 쾌적하게 감상할 수 있는 공간은 물론 미술관을 운영하기 위해 필요한 공간을 합리적으로 배치해야만 한다.

건축계획은 이렇게 다양한 건물에서 지내는 사람들의 생활을 이해하고 여러 요구를 조사하여 그것을 충족시키기 위해 각 기능을 구체적으로 설정해 간다. 나아가 사용자들조차 의식하지 못하고, 말로 표현하기 힘든 욕구를 헤아려 명확히 하는 작업도 필요하다. 정리된 요구는 여러 수법에 따라 분석, 검토된 후에 각 방의 구체적인 크기와 배치 즉, 공간 구성으로 변화시킨다. 이처럼 건축계획은 건물 안에서 일어나는 생활을 디자인해 가는 것이라고 할 수 있다.

건축의 기능과 형태에 관한 막대한 양의 정보가 존재한다. 이 축적된 지식을 활용해 각각의 요구에 맞춰 더욱 좋은 계획을 생각하는 것이 건축 계획학이다. 건축 계획학의 발전에 따라 건축의 종류, 규모에 따른 평면구성, 채광, 설비 등을 정리한 요점을 쉽게 찾아볼 수 있다. 그러나 건물이 세워지는 땅의 위치가 모두 다르듯이 그 개념이나 요구

되는 기능도 모두 다르다. 따라서 요점 정리된 계획을 기본으로 하여 기능을 분석해 목적에 맞는 계획내용으로 발전시켜야 한다.

먼저, 건물을 실제로 사용하고 그곳에서 생활하는 사람, 관리 운영하는 사람 그리고 그곳에서 일어나는 행위 등을 명확히 분석하는 것이 중요하다. 우선, 기능도를 그려야 한다. 기능도는 앞으로 세워질 건물이 어떠한 기능을 갖는지, 단위공간은 얼마나 필요한지 검토하는 데 효과적이다.

미술관 기능도를 예로 살펴보자. 미술관은 관람객이 사용하는 영역과 직원이 사용하는 영역으로 나눌 수 있다. 관람객의 영역에는 관람객이 입구에 들어서서 집으로 돌아가기까지 필요한 기능은 무엇인가를 표시한다. 또 직원들 영역에서는 미술관을 운용하는 사람들이 어떤 일을 하는지 또 미술품은 어떻게 관내에 운반되어 어떤 식으로 전시되는지, 그 후에는 어디에 보관하여 연구하는지 보여준다. 이러한 요구와 기능의 도식화로 우리는 아직 볼 수 없는 건축의 각 실의 면적과 기능, 그리고 합리적 배치를 이미지로 파악할 수 있다.

또, 건축의 종류에 따라서 특수한 점을 고려해야 한다. 미술관의 계획에서 채광은 대단히 중요하다. 미술품은 주로, 자외선을 포함한 직사광선을 싫어한다. 전시품을 돋보이게 하면서 정확한 색감을 보여주기 위해서는 어떤 조명이 좋을까, 또 광원에 따른 눈부심이 없고, 유리 케이스

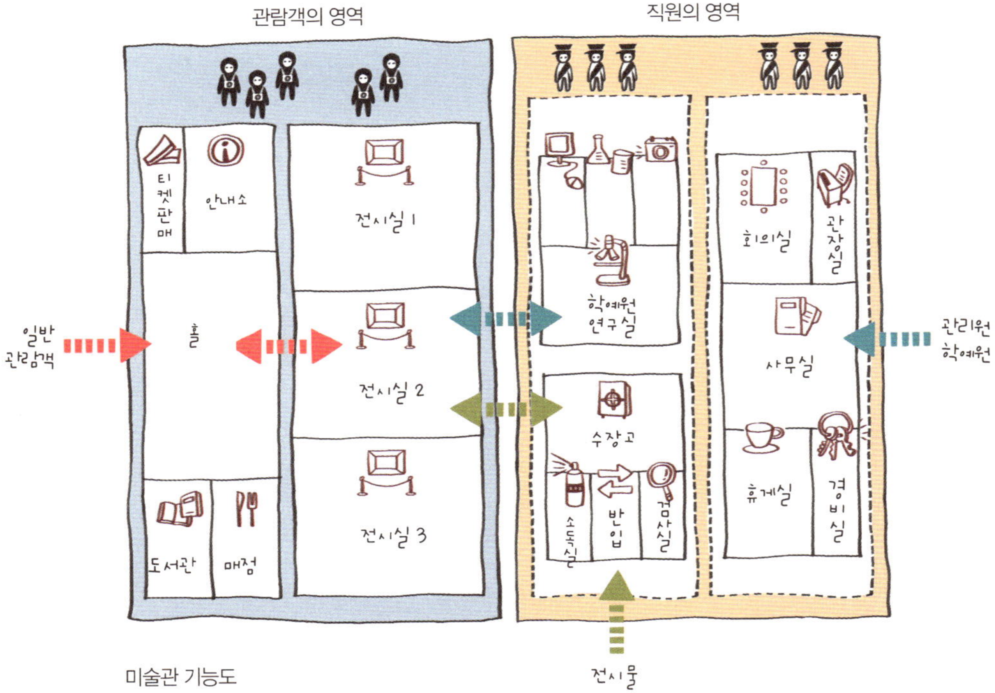

미술관 기능도

관람객의 영역 · 직원의 영역

티켓판매 · 안내소 · 전시실1 · 전시실2 · 전시실3 · 홀 · 도서관 · 매점

학예원 연구실 · 수장고 · 소독실 · 반입 · 검사실 · 회의실 · 관장실 · 사무실 · 휴게실 · 경비실

일반 관람객 · 관리원 학예원 · 전시물

에 의한 빛의 반사가 일어나지 않는지 연구하는 등 다양한 대안이 필요하다. 반대로 내부에서 일하는 사람과 관람객에게 편안함을 주기 위해서는 반대로 채광이 충분히 필요하다. 이처럼 미술관의 계획에는 조명계획과 자연채광을 능숙하게 조화시켜 미술품 감상에 적합하고 쾌적한 공간을 만드는 것이 필요하다.

이러한 분석을 토대로 필요한 기능을 맞추어 평면계획을 생각한다. 건물의 용도와 기능에 따라 공간을 체계적으로 꾸민 안을 서로 비교하여 어느 것이 가장 훌륭한 계획인가를 검토한다. 미술관에서는 상

네 가지 질문 고개를 넘어
건축물을 완성해 보자

설전시, 기획전시 등 서로 다른 형식에 대처하기 위한 융통성이 필요하다. 또한 자신이 계획한 건축과 비슷한 건축물을 샘플로 찾아서 그 건축의 기능을 조사, 분석하여 비교해야 한다. 조사한 결과 좋은 점은 발전시키고 문제점이 발견되면 새로운 안을 활용해 해결한다.

구조계획에서는 건물을 안전하게 지탱하기 위해서 튼튼한 뼈대 구성을 생각한다. 건물은 자신의 거대한 무게는 물론 건물 안에서 움직이는 많은 사람과 물건의 무게를 지탱하지 않으면 안 된다. 또, 태풍이나 지진 등 외부의 힘에 충분히 견딜 수 있어야 한다. 구조계획은 사용하는 재료나 구조방법을 포함한 다양한 각도에서 지속적인 검토와 확인이 필요하다.

쾌적한 생활을 하기 위하여 실내환경을 효율적으로 관리하는 것이 설비계획이다. 복잡한 현대생활에서는 건축물의 전기, 상하수도 등 다양한 설비가 필요하다. 각종 설비를 합리적이고 효율적으로 선택, 배치하며 그 외에 온도와 습도, 밝기와 소음 등의 문제를 해결해 간다.

마지막으로, 건물을 완성한 후 건물의 미래를 충분히 검토하는 것도 기본계획의 중요한 작업이다. 최근에는 환경을 보전하고 한정된 자원을 보호하기 위해 건축물의 긴 수명화가 요구되고 있다. 따라서 건축계획은 이상적인 모습을 제안하고, 미래의 다양한 변화를 예측하여 기능의 변경 등에 대처하기 쉬워야 한다. 구조와 재료, 설비계획에서도 환경을 배려한 구조 보강방법과 재료와 설비재의 재활용방법을 다방면에서 적극적으로 검토해야 한다.

설계(Design) – 건물의 형태와 공간을 결정하는 작업

기획과정에 따라 구체적인 형태와 공간을 결정해 가는 작업을 설계(Design)라고 한다.

좋은 건축공간은 잘 정리된 계획과 아름답고 매력적인 형태와 공간의 디자인, 그리고 이것을 실현하기 위한 면밀한 설계가 조화롭게 어울려 하나가 될 때 만들어진다. 설계는 크게 기본설계와 실시설계로 분리된다. 기본설계에서는 건물 전체 이미지와 형태 그리고 공간을 제안하고 실시설계에서는 구체적이고 세부적인 사항을 결정한다.

예를 들어 20세기를 대표하는 건축가 르 꼬르뷔제의 사보아 주택을 살펴보자. 아이디어 스케치에는 건물의 단면도가 그려져 있다. 이 스케치는 주택은 어떤 모습이어야 하는가, 어떻게 공간을 이용할까 하는 기본계획을 명확히 보여준다.

- 1층에는 차가 들어올 수 있도록 건물의 대부분이 위로 올라가 있다.
- 2층은 긴 경사로로 연결된다.
- 2층은 습기가 많은 지상과 분리되고 전망이 좋은 쾌적한 주거 공간으로 만들어졌다.
- 옥상에는 일광욕이 가능한 테라스, 지하에는 창고가 설계되어 쾌적한 생활을 도와준다.

네 가지 질문 고개를 넘어
건축물을 완성해 보자

스케치에 따라 건축가의 아이디어는 다음과 같이 실현되었다.

- 건물이 마치 바다 위에 떠있는 배같이 초원 위에 서 있다.
- 1층은 차가 지나갈 수 있는 필로티로 한다. 필로티 는 건축물의 1층에는 기둥만 있게 하고, 2층부터 방 을 짓는 방식이다.
- 단순하고 기하학적인 흰색 콘크리트 상자가 가느다란 원기 둥의 지지를 받아 공중에 떠있다.
- 1층 입구 부분에 설계된 곡면의 유리벽은 차의 회전반경을 고려하였다.
- 건물의 중앙에 설치된 경사로는 3층 주택을 입체적으로 연 결하고 있다.
- 경사로를 통해 각 층으로 연결할 때 다양한 공간 체험을 할 수 있다.
- 2층 외벽에는 주위의 경관을 최대한 즐길 수 있게 수평창을 길게 한다.
- 거실과 접해있는 중정(집 안의 건물과 건물 사이에 있는 마당)은 프라이버시를 지켜주고, 실내에 밝은 빛이 들어오게 한다.
- 거실에는 건축가가 디자인한 가구가 심플한 공간을 더욱 돋 보이게 한다.

- 옥상의 테라스는 곡선의 벽으로 마감한다.
- 곡선의 벽은 상자 모양의 건물과 대비되며 건축의 풍부한 표정을 준다.

이처럼 사보아 주택은 아이디어 스케치(기획)에서부터 실제의 건물(설계와 시공)까지 건축가의 의도가 일관적으로 적용되어 있다. 이 주택은 좋은 계획과 훌륭한 디자인이 일체화되어 매력적인 생활공간을 실현한 좋은 예라고 할 수 있다.

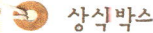 

상식박스

설계도서에는
어떤 것들이 있을까?

디자인한 것을 실제로 구현하기 위해서는 공사를 하는 사람에게 그 디자인을 전달해야 한다. 디자인은 건축물이 어떻게 세워질 것인지를 정확하게 묘사한 일련의 도면으로 표현하고, 그 도면은 공사 관계자 간의 의사소통의 도구로 사용된다. 때문에 도면은 서로 간의 약속된 도면방식으로 표현해야 하며 도면으로 표현 불가능한 것은 서류로 보완한다. 이러한 것을 설계도서라 한다.

일반적으로 설계도서는 건축, 구조, 기계설비, 토목 등의 설계도면과 이와 관련된 각종 서류들로 구성된다. 모든 도면의 크기, 글자표현, 치수표시 등은 원활한 의사소통을 위하여 이해하기 쉽게 표준화되어야 한다.

배치도

배치도란 건물이 완성된 후를 가상하여 위에서 아래 방향으로 내려다본 도면이다. 이것은 건물의 위치뿐만 아니라 그 건물과 도로 주변시설 등의 관계를 보여준다. 또한 건물의 외부환경에도 주의를 기울여야 한다. 대지의 경계와 경사도, 오배수 처리, 조경 등을 표시한다.

평면도

평면도란 건물을 창문 높이에서 수평면으로 절단하고 남은 아랫부분의 건물을 위에서 아래 방향으로 내려다본 도면이다. 평면도는 각 방의 배치와 서로 간의 관계뿐 아니라 창문과 문의 위치, 방의 크기, 가구의 배치 등을 설명해 준다. 또 협력업체가 작업하거나 실제 현장에서 공사를 진행할 때 중요한 역할을 한다.

주택의 배치 평면 계획의 예

입면도

건물의 입면도는 건물의 외관을 수평방향에서 바라본 도면이다. 건물의 외관을 표시하는 입면도에서는 건축물의 형태와 재료, 크기, 주변 건축물과의 관계 등을 볼 수 있다. 이 외에도 창의 위치, 크기, 형태 등 외부에서 바라보는 건물의 여러 요소들을 나타내어 시공자가 실제 공사 시 전체적인 윤곽을 이해하는 데 도움이 된다.

네 가지 질문 고개를 넘어
건축물을 완성해 보자

단면도

건물의 단면도는 건물을 수직면으로 절단하고 남은 나머지 건물 부분을 수평방향에서 바라본 도면이다. 단면도는 건축물과 지반의 관계와 건축물 내부의 높이, 실내의 입면을 나타내기 위해 그린 도면이다. 특히 단면상세도에서는 계단, 벽, 보, 방 등도 표시해야 한다. 단면도는 수직, 수평의 공간적인 관계를 이해하는 데 도움을 줄 뿐 아니라 실제 공사 시 전체 구조를 이해하는 데 도움이 된다.

상세도

건축물의 여러 부분을 확대한 것이 상세도이다. 평면도나 단면도만으로 이해하기 힘들거나 좀 더 자세히 그려야 할 부분을 확대하여 그린 도면이다. 건축물의 품질과 경제성 그리고 안전성을 확보하기 위해 공사진행 단계에서 중요하게 작용한다.

구조도면

바람, 지진, 화재 등에 잘 견딜 수 있도록 작성하고, 각종 철근 배근도와 기둥, 보 등의 상세도를 포함한 각 부분의 구조 상세도를 표시한다. 구조 계산은 구조전문가가 진행하고 기둥의 크기, 슬래브의 두께 등이 결정되면 이것을 바탕으로 설계자는 구조도면을 작성한다.

설비도면

설비도면은 전기, 난방, 급수 등 건축물의 설비를 표현한 도면이다. 평면도나 단면도에 이러한 내용을 표시하고 각종 계산을 포함한 상세한 내용을 따로 제시한다. 설비작업은 보통 해당 작업을 전문으로 하는 설비업체가 진행한다.

시방서

시방서는 도면으로 나타낼 수 없는 사항을 문서로 만든 서류이다. 시방서는 공사에 필요한 사용재료와 시공상의 방법, 제품과 공사 등의 성능에 대해 규정한다.

실내건축의 세계 속으로

실내건축은 건축의 내부공간을 인간이 생활하기 쾌적한 환경으로 창조하는 것이다. 실내건축과 비슷한 의미로 실내장식, 실내디자인, 실내의장 등의 여러 용어가 사용되고 있다. 하지만 전문 분야가 세분화된 나라일수록 실내건축이라는 용어를 사용하여 실내건축의 영역을 더욱 뚜렷이 하고 있다.

실내건축의 영역은 그 범위가 넓고 다양하다. 개인생활권을 형성하는 주거공간이나 전시나 판매공간 등의 상업공간이 실내건축이 다루어야 할 영역이다. 사무실이나 생산공장 등의 업무공간에서도 업무능률을 향상하기 위해서 실내건축의 제반 요소와 원리를 적용해야 한다. 이 외에도 박물관, 기념관, 미술관, 공연장, 집회장 등의 기념건축 공간도 실내건축의 영역에 포함된다.

실내건축은 인간생활의 쾌적성을 추구하는 데 목적이 있다. 건축을 단순한 구축물이 아닌 환경 차원에서 인식하면서 건축 내부공간의 환경을 더욱 쾌적하게 해야 한다는 생각이 높아진 것이다. 이러한 쾌적한 공간을 만들기 위해서는 기능성, 경제성, 아름다움 그리고 개성이라는 요소가 필요하다. 이러한 네 가지 요소의 달성 여부는 실내건축 디자인을 평가하는 척도가 된다.

기능성 – 합리적인 공간 구성

기능이 좋은 실내공간이란, 전체적인 공간구성이 합리적이고, 각 공간의 기능을 최대한 발휘할 수 있는 공간을 말한다. 합리적인 공간구성을 하려면 인간의 활동이나 공간의 용도에 어울리는 공간계획을 하여야 한다.

예를 들면 주택은 거실, 방, 부엌 등의 공간이 서로 다른 목적을 가지고 있다. 거

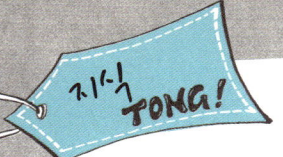

실공간은 가족 간의 대화나 화합이 잘 이루어지도록, 개인적 공간인 각 방은 프라이버시가 보장되도록, 가사작업 공간인 부엌은 작업하기 쉽고 동선이 짧도록 계획해야 한다. 또한 각 실내공간과 가구는 인체공학을 기초로 하여 배치하여야 공간을 효율적으로 활용할 수 있다.

경제성 – 적은 비용으로 최적의 효과

적은 비용으로도 사용자가 만족할 수 있어야 한다. 공간활용과 유지관리를 통해서 사용자의 에너지와 시간이 적게 소모되도록 계획해야 한다. 또한 기존의 시설과 공간을 충분히 활용하여 비용을 줄이고, 헌 가구나 실내장식품을 창의적으로 재사용한다.

심미성 – 아름다움 창조

아름답다는 기준은 시대나 문화에 따라 다르며, 같은 시대, 같은 문화권이라도 개인의 취향이나 기호에 따라 달라진다. 그러나 사람들은 공통적으로 아름다운 것을 보면 즐거워하고, 아름다움에 대한 욕구는 예나 지금이나 변함없다. 또한 인간은 아름다움을 창조하는 과정에서도 즐거움을 느끼게 된다.

개성 – 독특한 특성 표현

사용자의 개성이 표현되지 않은 실내디자인은 지루하고 쉽게 싫증이 난다. 실내건축은 효율성과 경제성이 높고 아름다워야 하지만, 사용자의 독특한 특성을 표현해야 한다. 실내공간에서 개성의 표현은 사용자의 생활양식, 가치관, 기호 등을 이해함으로써 비로소 가능하게 된다.

한눈에 알아보는 건축설계
건축가 나소장, 현상설계에 참여하다

건축가 나소장은 '어린이 도서관 프로젝트'의 현상설계에 참여하기로 하였다. 평소 문화관련 시설에 관심이 많았던 나소장은 어린이 도서관 현상설계 프로젝트 이야기가 나왔을 때부터 내심 욕심을 냈다. 현상설계란 프로젝트 발주처에서, 일정자격 요건과 조건을 정하여 작품을 공개적으로 모집하여 선정하는 방식이다. 경쟁적으로 여러 설계사무실에서 출품을 하기 때문에 설계과정부터 잘 진행하는 것이 중요하다.

 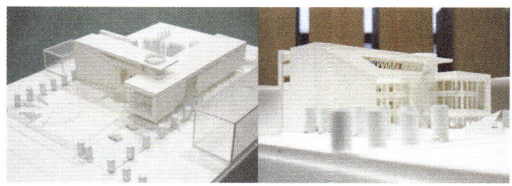

스터디 모델과 스케치   어린이 도서관 모델

건물을 세울 대지 주변 살피기

안산, 바로 이곳이 어린이 도서관이 세워질 장소이다. 성호 이익 선생과 단원 김홍도의 혼이 살아 숨 쉬는 안산에 어린이 도서관까지 세워진다면 문화도시로서 위상이 한층 높아질 것이다. 주변을 살펴보니 북측에는 아파트 단지 등 도시적 생활공간이 있고, 남측으로는 도시적 생활의 쉼터 역할을 할 수 있는 넓은 벌판(화랑 유원지)이 있다. 그리고 향후 조선후기의 생활상을 재현한 단원 풍속마을도 조성

주변현황도

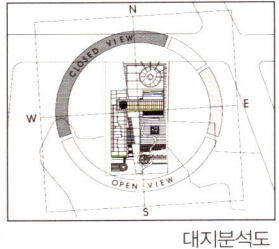

대지분석도

될 예정이라고 한다.

대지의 동, 남향 방향은 시야가 트여 있으며 북, 서 방향에는 아파트 구조물 때문에 시야가 가려진다. 하지만 대지 내 고저 차는 존재하지 않았다.

계획방향 정하기

일반적으로 사람들은 도서관을 책을 빌리고 반납하는 곳으로만 생각한다. 어림 반 푼 어치도 안 되는 이야기다! 도서관은 도시적 맥락에서 문화(culture)를 상징하 는 것은 물론 정보(information), 예술(art), 교육(education), 놀이(play) 등의 복합적 산물의 공간이다. 나소장은 어린이 도서관을 어린이뿐만 아니라 여러 연령과 계 층의 다양한 활동이 존재하는 복합문화센터로 만들기로 계획하였다. 어린이 도서 관이 다양한 사람들의 복합문화센터로 사랑받을 생각을 하니 벌써부터 나소장은 마음이 벅차오른다.

본격적인 계획에 돌입

도서관의 도시적 이미지는 아파트의 형태로 구체화되고, 작은 광장은 모임의 공 간으로 재구성된다. 또한 이곳과 저곳의 경계를 짓고, 신에게 풍요로움을 기원하 기 위하여 마을 입구에 세우는 솟대는 도시와 자연의 경계로서의 건축물(입구라는

네 가지 질문 고개를 넘어
건축물을 완성해 보자

도시(CITY)

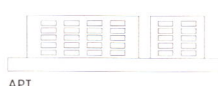

APT

도시적 이미지 ――――――――――――――

모임(GATHERING)

plaza

작은 광장 ――――――――――――――

전이(TRANSFER)

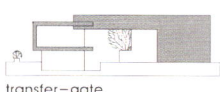

transfer-gate

솟대 ――――――――――――――

자연(PARK)

nature

자연적 이미지 ――――――――――――――

의미)이라는 의미로 새롭게 나타난다. 이 프로젝트를 통해 솟대의 상징성과 풍요로움을 이야기하는 것이다. 이것을 다른 말로 장소성의 표현이라고 한다.

배치계획하기

공간의 특성과 동선을 고려하여 배치계획을 한다. 많은 사람들이 차를 이용하는만큼 건물에서 주차 공간이 중요하다. 주차 공간은 주변의 접근성을 살피고, 다목적 강당은 다양한 문화 활동을 위한 공간으로 배치해야 한다.

1. ACCESS & AREA	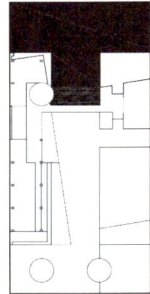	■ 진입광장 : 도시적 공간의 상징성을 가지는 이벤트 공간 ■ 주차/주륜 공간 : 접근성
2. OPEN SPACE	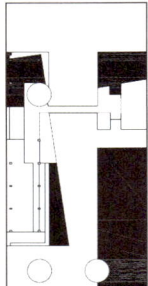	■ 다목적 계단 : 동선 / 쉼터 / 공연 시 관람 공간 ■ 썬크가든 : 지하 구내식당과 야외 단원마당과의 연계 ■ 안마당 및 야외 북카페 : 자연(PARK)과의 관계성

네 가지 질문 고개를 넘어
건축물을 완성해 보자

3. CIRCULATION

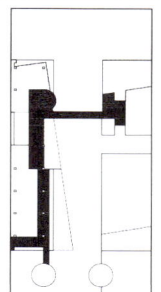

- BRIDGE : 도서공간과 문화공간의 연결
- RAMP : 단면적인 다양한 MOVING
  PATTERN
- STAIR /ELEVATOR

4. INNER SPACE

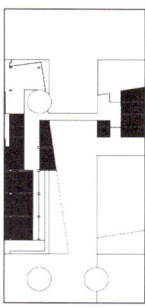

- 열린공간 : 유아 열람실과 어린이 열람실을
  램프로 연결시켜 상호관계성을 풍부하게 하고
  다양한 시선과 동선을 교차시킨다.
- 다목적강당 : 다양한 문화 활동(영화 관람, 연
  극, 발표회 등)을 위한 공간

5. EVENT

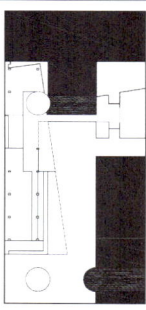

- 데크미광장 : 도시적인 행위가 일어나는 미래
  지향적 공간
- 단원마당 : 전통적인 가당의 개념으로 향후
  단원풍속마을과 연계

평면, 동선계획하기

공간과 공간의 상호 관계성이 벽과 문으로 차단되거나 구분되지 않고, 그 공간들 사이에 중간적 공간인 사이마당, 툇마루 등에 경사로(Ramp), 데크(Deck), 썬큰 가든(Sunken garden) 등의 건축적 장치를 끼워놓음으로써 공간이 점차적으로 변화하는 것을 경험하여 공간의 성격을 풍부하게 한다.

중요한 포인트 하나! 평면, 동선을 계획할 때는 접근성, 가변성, 상징성을 염두에 두어야 한다.

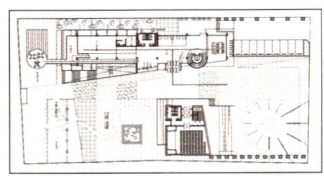

1층 평면도

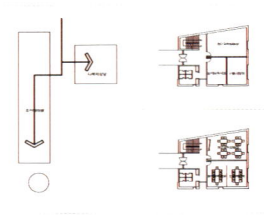

접근성   가변성

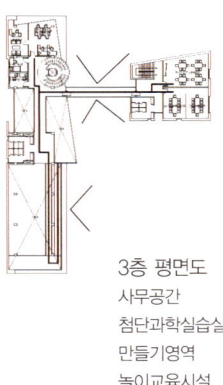

3층 평면도
사무공간
첨단과학실습실
만들기영역
놀이교육시설

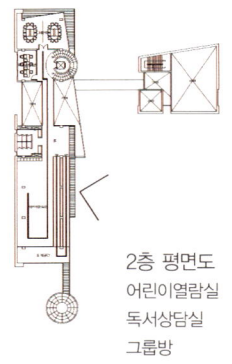

2층 평면도
어린이열람실
독서상담실
그룹방

네 가지 질문 고개를 넘어
건축물을 완성해 보자

입면, 형태계획하기

건물의 정면성과 입구성을 계획하고, 건축 재료를 체크한다. 나소장은 복층 유리를 사용하여 도시적인 이미지를 내고, 목재 사이딩 패널을 사용해 자연적인 느낌이 나도록 하였다.

목재사이딩패널   컬러조색 프리캐스트 콘크리트 패널

컬러조색 프리캐스트 콘크리트 패널

단면계획을 짜다

단면계획을 짤 때에는 동선과 원활한 커뮤니케이션을 고려해야 한다. 필연과 우연적인 만남이 가능한 시선의 교차가 이루어지도록, 외부와 내부 사이에 램프나 계단을 설치한다. 그 램프와 계단을 통해서 사람들은 서로의 움직임을 감지하고 소통할 수 있다.

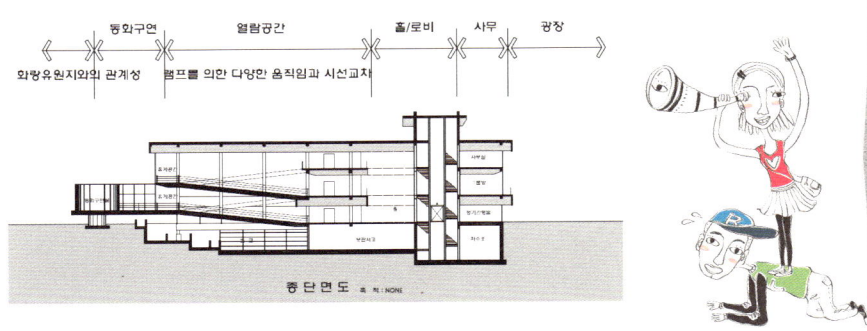

각종 설비를 계획하다

구조의 안정성, 경제성, 시공성을 고려한 구조계획이 완성되면 기계설비를 계획해야 한다. 나소장은 최대한 위생적인 생활환경을 조성하고, 에너지 절약적인 시스템을 적용하였다. 물론 유지 관리를 간편하게 하는 것도 잊지 않았다. 기계설비계획에는 냉난방 설비, 위생설비, 소화설비, 환기설비 등이 포함된다. 마지막으로 전기설비계획을 한다. 관리의 효율성과 경제적인 에너지 사용을 고려하여 동력설비, 전등과 전열설비, 중앙감시제어설비 등을 계획한다.

마지막 정리 단계

일이 막바지에 달하면서 나소장은 희비가 교차한다. 흐뭇하기도 하지만 한편으로는 생각보다 일이 금방 끝난 것 같아 아쉽기도 하다. 잠시 아쉬운 마음을 접은 나소장은 관련 법규를 검토한다. 설계 기준이 법적 기준에 맞는지 확인하는 작업으로 건축물의 높이제한이나 부설주차장 설비, 장애인 편의시설 등의 법규를 살펴보았다. 최종 확인까지 마쳤다면 건축설계는 완성된 것이다.

내 거친 질문 고개를 넘어
건축물을 완성해 보자

집을 만들어 보자!

다양한 전문가들의 협동작업을 통해서 실제 건물의 모양을 만들어 가는 과정을 시공이라 한다. 과거에는 건축주 본인이 재료를 사고 필요한 기술자를 모아 직접 시공했다. 그러나 건축공사의 규모가 커지고 그 기능도 복잡해지면서 전문가에게 의뢰하게 되었다. 특히 설계자에게 설계는 물론 시공의 관리도 맡기게 되었

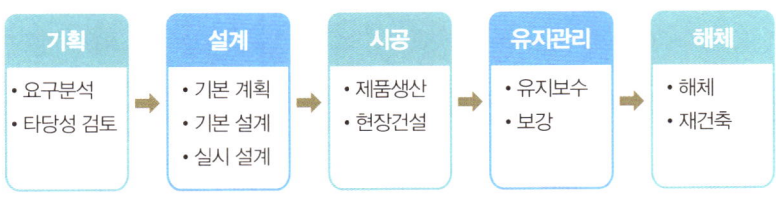

건축 생산의 과정

다. 그러나 시공기술이 복잡해짐에 따라 시공전문가가 필요하게 되었다. 설계자는 도면을 그리고 건물이 도면대로 만들어지고 있는지를 체크(감리)하고 시공자는 각 단계에 맞게 재료와 기계를 적절히 관리(지시)하여 건축물을 더욱 빠르고, 안전하게 만들 수 있게 되었다.

시공전문가가 사용하는 기술은 편의상 고유기술과 관리기술로 나눌 수 있다. 고유기술이란 구조, 기계, 재료, 역학 등의 기술로, 말하자면 하드웨어에 관련된 기술이다. 관리기술이란 사람과 기계, 환경 등을 잘 조절하여 건축물을 만드는 것으로 소프트웨어에 관련된 기술이라 말할 수 있다. 시공전문가는 이 기술을 이용하여 공사를 안전하고 효율적으로 진행한다.

시공을 담당하는 기술자는 공사를 주문하기까지의 모든 과정과 현장의 상태를 파악하여 공사를 순조롭게 진행해야 한다. 예를 들어 시가지의 공사는 일조, 경관 등 표면에 보이는 문제 외에도 지역주민과 충돌할 수 있기 때문에 다양한 대책을 세우는 것이 중요하다. 이처럼 건축물은 다양한 전문가를 통한 여러 과정을 거쳐 만들어진다.

네 가지 질문 고개를 넘어
건축물을 완성해 보자

시공순서에 따른 공사과정

● 준비공사

공사의 범위를 명확히 정의할 수는 없지만 본격적인 공사가 시작되기 전에 필수적으로 해야 하는 일련의 준비업무와 공사를 포괄한다.

● 가설공사

건축물 본체를 원활하게 공사하기 위해 필요한 공사용 가설자재와 공사용 기계, 설비를 현장에 조립하거나 배치하고 공사완료 후에는 모두 해체, 철거한다. 이 가설재료와 기계, 설비는 공사 시작 전부터 공사가 끝난 후까지 광범위하게 사용된다.

● 터파기공사

지반은 모든 건축물을 확실하게 지지해야 한다. 또 건축물의 규모가 커지거나, 토지의 효용성 때문에 지하를 많이 이용한다. 때문에 건축물의 기초나 지하 구조물을 시공하기 위하여 땅을 파는 것을 터파기공사라고 한다.

● 지정과 기초공사

건축물의 본체인 상부구조를 안전하게 지탱하기 위하 지정과 기초공사를 해야 한다. 인간에게 비유하면 발에 해당하는 부분이 기초이고 발아래 땅 표면을 지정이라 할 수 있다.

건축물은 다양한 전문가를 통한 여러 과정을 거쳐 만들어진다.

● **골조공사**

건축물 본체의 골조에 해당하는 부분을 시공하기 위한 공사이다. 건축의 구조방법과 시공방법에 따라 거푸집공사, 철근공사, 콘크리트공사, 철골공사로 나눌 수 있다. 인간의 신체에 비유한다면 뼈대공사라 할 수 있다. 일반적으로 골조공사는 아래에서 위로, 내부 마감공사는 위에서 아래로 진행된다.

● **외장과 마감공사**

건축물의 맨 바깥부분 즉 눈에 보이는 부분을 시공하는 공사로 석공사, 유리공사, 타일공사, 도장공사, 내장공사 등이 있다. 인간의 신체에 비유한다면 근육과 피부에 해당한다고 할 수 있다.

● **설비공사**

신경, 혈관, 소화기관에 해당하는 부분을 만드는 것을 설비공사라고 한다. 설비공사는 쾌적한 환경의 확보, 안전, 방재, 정보전달 등을 목적으로 한다.

고품질, 단기간, 저가격을 실현하는 건축시공

설계도가 완성되면 명확한 공사예산과 관리계획도 면밀히 세워진다. 이 공사계획이 명확하지 않으면 건축물의 품질과 공사기간, 공사비

나아가 공사의 안전에 중대한 영향을 미치게 된다. 때문에 건축시공에 직접적으로 관계하지 않는 설계자도 건축시공 지스 을 몸에 익혀야 한다.

건축은 현장에서 필요할 때마다 각 건물의 특색에 맞게 생산하기 때문에 똑같은 시공이라는 것은 있을 수 없다. 그러나 용도와 형태가 비슷한 건축물이 많이 만들어지면서 어느 정도 일반화돈 시공이 반복되었다. 그래서 과거의 공사실적을 분석하면 단기간에 저렴한 가격으로 실현 가능한 합리적인 작업방법과 새로운 공법을 찾을 수 있다. 이러한 연구와 개발을 하는 것이 건축 시공학이다.

예를 들면, 노동 집약적이었던 작업이 최근에는 공장에서 어느 정도 부재를 만들어 현장에서 조립하는 작업으로 변하고 있다. 주로 노동력 부족을 해소하고 건설 공사비를 줄이기 위한 방법이라고 할 수 있다. 이것을 실현하기 위해서는 대형 건설기계와 자동화 건설장비를 개발해야 한다.

건축시공이란 현장에서 건축물을 실제로 구현하는 작업으로 공정관리, 원가관리, 품질관리, 안전관리에 따라 진행된다. 이 중 가장 중요한 것은 공정관리로 사전에 면밀히 검토된 공정계획을 통해 관리된다. 공정계획에서는 건축물을 공사기간 내에 완성할 수 있도록 미리 여러 공사에 따른 공정과 노무자의 배치, 자제의 반입 등의 계획을 전 공사기간에 걸쳐 세운다. 이 공정계획에 따라 시공이 순조롭게 진행되는지를 체크하는 것을 공정관리라고 한다.

공정관리는 일반적으로 횡선식과 네트워크식을 많이 사용한다. 횡선식은 건축의 부위에 따라 공사 종류별 공정을 실선으로 표시한 것으로 오래전부터 사용되어 왔다. 한편, 네트워크식은 시공 전체의 흐름을 공사별로, 공사순서와 일정계산 등을 매트릭스로 표현하는 방법으로 공정 전체를 상세히 파악할 수 있어 관리가 편하다. 최근 건축시공 현장에서는 컴퓨터를 사용한 네트워크식이 많이 사용되고 있다.

원가계획과 관리는 주로 건축주와의 계약을 기초로 공사대금 지불을 철저히 관리하고 계획대로 공사원가가 지켜지고 있는지를 체크하는 일이다.

건축시공에는 적산이라고 하는 별도의 작업이 있다. 적산은 미리 부재 하나하나의 운반비, 노무비 나아가 이윤까지를 포함한 예상 공사원가와 관리비를 산출하는 일로 원가에 관한 계획과 관리와는 기본적으로 다르다.

안전에 관한 계획과 관리는 시공에 지장이 있는 장애물 철거, 가설공사, 사고방지를 위한 안전대책 등의 계획을 세우고 이를 체크, 관리한다. 품질에 관한 계획과 관리는 건축물의 시공사는 물론 건축주, 건물을 사용할 사람들, 설계자 등이 요구하는 품질을 달성하기 위해 실시한다. 건축의 품질은 기능, 강도, 내구성 등 각 항목이 설계의 계획대로 품목을 확보하고 있는지 체크, 관리하는 것이다.

네 가지 질문 고개를 넘어
건축물을 완성해 보자

건축과 토목은 어떻게 다를까?

현재 건축은 필요한 용도와 규모에 따라 다양한 건물을 만들게 되었다. 또 도로와 다리, 터널 등의 구조물도 기술의 발전에 따라 상상을 초월할 정도로 발달하였다. 그래서 도로와 다리, 터널을 만들거나 주택과 초고층 빌딩을 만드는 것은 모두 건축 전문가가 하는 것처럼 보인다. 하지만 실제로는 그렇지 않다. 전자는 토목 전문가, 후자는 건축 전문가가 담당한다.

대학에서도 건축과 토목을 분리하여 교육하고 있기 때문에 학생들도 목표를 정확히 세워 공부해야 한다. 오늘날 건축이나 토목은 고도의 전문지식을 몸에 익히지 않으면 안 되기 때문이다.

건축은 집을 만드는 것에서 시작했지만 토목은 하천의 범람으로부터 집과 마을을 보호하기 위한 치수공사에서 시작되었다.

나일강에서는 매년 하천이 범람해 커다란 피해를 입었다. 그러나 사람들이 힘을 합쳐 제방을 쌓거나 하천의 흐름을 바꿔 안전하고 쾌적한 생활을 할 수 있었다. 이후, 토목은 사람들에게 안전하고 편리한 사회 환경의 기반을 제공해 왔다.

한편, 토목의 상대가 자연이라면 건축이 상대해 온 것은 토목이 만들어 놓은 기반 위에서 생활하는 사람들이다. 건축은 사람들이 안전하고 쾌적하게 생활할 수 있도록 노력해 왔다. 이처럼 건축의 중심에는 어느 시

대나 인간이 있었음을 알 수 있다.

건축과 토목의 전문가가 활약하는 영역은 서로 다르다. 간단히 말하면 건축은 지표면 위에서, 토목은 지표면 아래에서 일한다고 생각하면 이해하기 쉽다.

대량의 흙을 움직여 만드는 도로와 다리, 댐 등은 토목의 주요 영역이다. 반면 건축은 토목으로 정비된 토지에 주택이나 빌딩 등 건축물을 세운다. 기본적으로 이렇게 분리하는 것이 현대의 건축과 토목을 이해하기 쉽다.

네 가지 질문 고개를 넘어
건축물을 완성해 보자

피라미드는 건축일까? 토목일까?

인간의 역사에서 대표적인 건축물 중 하나인 피라미드는 기원전 2~3세기경 이집트에서 활발히 세워졌다. 거의 20년 동안 약 10만 명이 동원된 최대의 피라미드는 몇 톤이나 되는 거석을 배로 운반하여 하나씩 쌓아 올렸다고 한다. 그러나 그 거대함 이상으로 우리의 주목을 끄는 것은 시공기술의 정확성이다. 길이의 오차가 수십 센티미터 이내이고 돌이 쉽게 무너지지 않게 쌓는 등 당시의 기술력은 사람들을 놀라게 할 만하다. 이 피라미드는 대량의 거석들을 운반하거나 자연을 상대로 하였기 때문에 토목이라고 볼 수 있다. 하지만 정비된 기반 위에 죽은 왕이 쾌적하게 쉴 수 있는 장소로 지어졌다고 생각하면 건축이라고도 생각할 수 있다. 우리들이 건축과 토목을 분리하여 생각하는 것은 어디까지나 근대적인 편리성 때문이다. 따라서 건축과 토목은 같은 행위였음을 알 수 있다.

오히려 건축과 토목이 각기 전문화되고 기술적으로 진보함에 따라 여러 가지 폐해가 생겨났다. 건축은 도시와 주변 환경을 보지 않고 오직 개인의 쾌적한 거주성만 추구하게 되었다. 반면 토목은 사람들의 삶이나 자연환경을 무시하고 기술력 실험의 장으로만 생각했다. 하나였던 건축과 토목이 분리된 결과 쾌적과는 거리가 먼 환경이 만들어졌다. 본질적으로 건축과 토목이 추구하는 것은 우리가 안전하고 쾌적하게 살 수 있는 도시와 마을을 정비하고 좋은 환경과 좋은 건축물을 제공하는 것이다. 그러기 위해서는 건축과 토목이 하나가 되어 도시를 만들어 갈 필요가 있다.

1. 과거를 알면 현재와 미래가 보인다

2. 건축, 아름다움의 옷을 입다

3. 건축, 종교와 눈 맞다

4. 색과 형태로 감성에 호소하는 건축

5. 이성과 고고학의 배경에서 태어난 신고전주의

6. 신소재로 자유를 추구한 아르누보

7. 현대건축은 어떤 모습을 하고 있을까?

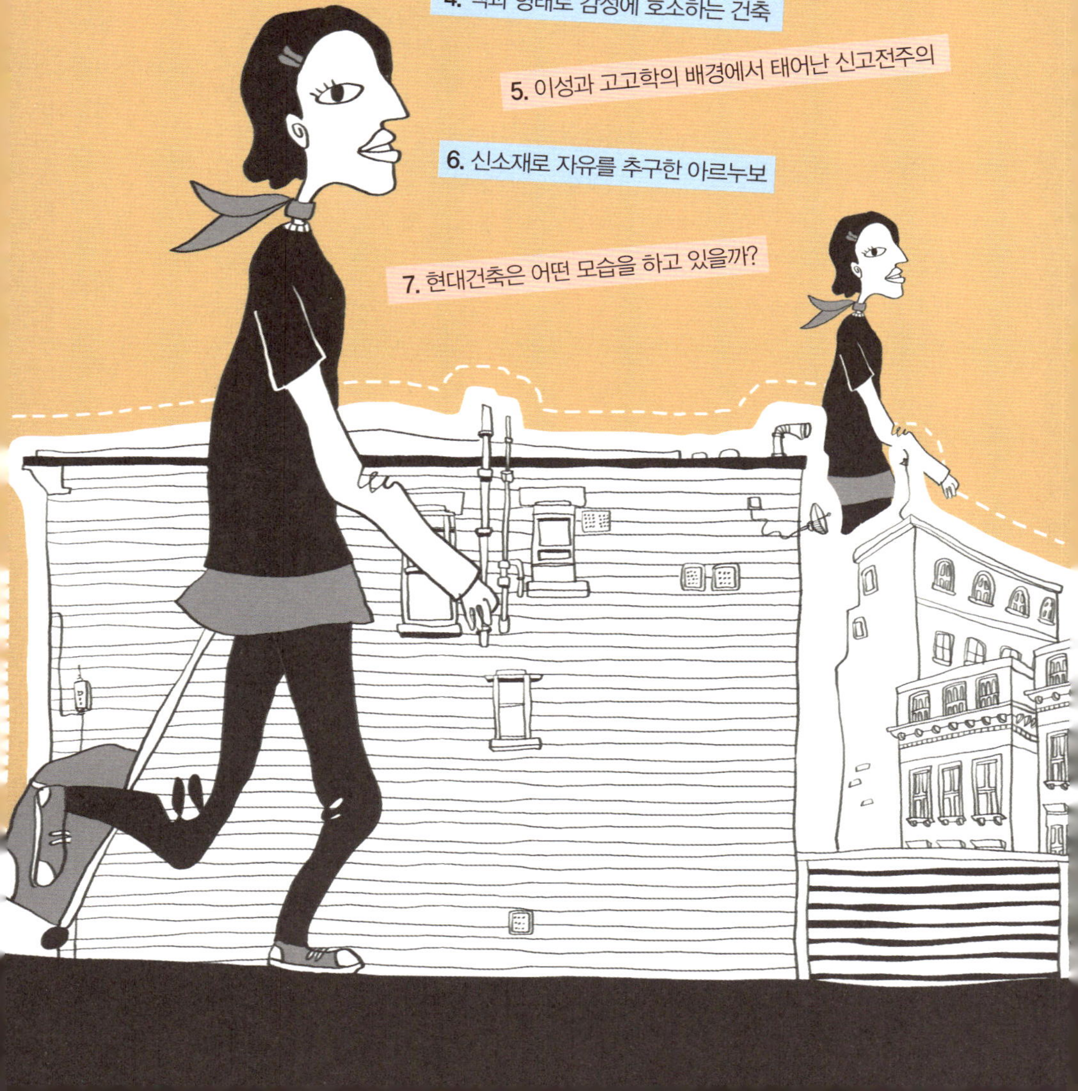

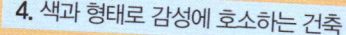

역사로 보는
건축 이야기

과거를 알면
현재와 미래가 보인다

건축학은 인문학에서 자연과학까지 여러 분야를 삼켜버리는 블랙홀 같은 학문이다. 이런 건축학 세계를 풀 수 있는 열쇠는 우리의 일상생활 안에 숨겨져 있다. 현재의 풍족하고 행복한 생활은 문명을 추구하며 문화를 쌓아온 건축역사의 유산이다. 그런 의미에서 건축학은 건축역사를 통하여 그 시대의 문명과 문화를 보여주는 거울이라고 할 수 있다. 고대 그리스, 로마 건축에서 현대 건축에 이르기까지 건축의 역사는 아름다움을 추구해 왔다. 돌과 콘크리트로 만들어진 서양의 건축양식과 목조를 중심으로 발전해 온 한국의 건축양식 안에는 그 시대 사람들의 미의식이 숨 쉬고 있다. 동서양을 불문하고 건축이 발전해 온 과정과 역사를 알지 못하고서는 새로운 시대의 건축을 만들어 낼 수 없다.

평소 아무런 생각 없이 지나쳐 버렸던 길을 잘 살펴보자. 실로 다양한 건물이 세워져 있는 것을 알 수 있다. 하지만 우리에게 가장 친숙한 건

역사로 보는
건축 이야기

축은 우리들이 살고 있는 주택일 것이다. 주택은 다양한 형태를 띠고 있지만, 건축이라고 하면 제일 먼저 주택을 생각하는 사람이 많을 것이다. 주택은 건축의 시작과 깊은 관계가 있다.

선사시대의 인간은 한곳에 머무르지 않고 이주하면서 생활해 왔다. 한 장소에서 지속적으로 식량을 구입하기란 쉽지 않았기 때문이다. 그래서 사람들은 비바람을 피하고 맹수로부터 몸을 보호할 수 있는 동굴이나 벼랑, 바위그늘 등 양호한 지형을 선택하여 생활했다. 이러한 주거를 동굴주거라고 한다. 물론 자연의 지형을 그대로 이용하여 살았기 때문에 건축이라고 할 수는 없다. 그러나 자연을 이용하여 가능하면 쾌적하게 살고자 하는 생각은 지금의 건축과 크게 다르지 않다.

이후 정착생활을 하면서 주거의 양식도 수혈주거의 형식으로 바뀌었다. 수혈주거란 땅 위에 적당한 크기와 형태로 바닥을 파내어 기둥과 서까래로 지붕을 만들어 생활하는 주거방식을 말한다. 이 수혈주거는 인간의 힘으로 은신처를 만들고 사회생활을 하였다는 의미에서 건축의 최초 형식이라 할 수 있다.

건축, 아름다움의 옷을 입다

건축미의 발견, 스톤헨지

건축미는 원래 고고학에서 취급해 오던 유적 안에서 그 모습을 찾을 수 있다. 앞에서 살펴보았듯이 건축의 출발점은 주거라고 알려져 있지만 건축의 조형적인 아름다움 면에서 본다면 조금 시대를 거슬러 올라간다.

지금부터 약 4000~4500년 전 만들어진 잉글랜드 남부 솔즈베리 평원의 스톤헨지는 거석문화의 유적으로 잘 알려져 있다.

이러한 유적은 잉글랜드, 서유럽과 아프리카 북부는 물론 아시아 각 지역에서도 발견되고 있다. 스톤헨지를 시작으로 거석문화 유적의 대부분은 제사의 장소나 죽은 자의 묘지로 사용되었다. 또한 돌기둥 그림자의 이동을 조사해 보면 그 시대의 사람들이 태양이 뜨는 위치를 정확히 파악하고 있다는 것을 알 수 있다.

스톤헨지의 조형적인 큰 특징은 거대한 돌기둥이 하늘을 향해 올라가

면서 조금씩 가느다랗게 조각되어 있다는 것이다. 더욱이 놀라운 것은 수직 돌기둥과 수평 돌이 정확하게 맞추어져 있다는 점이다. 수직 돌기둥 위쪽에 약간 튀어나온 돌기를 만들고, 수평 돌에 지름 20센티미터 정도의 구멍을 뚫어 2개의 돌을 정확히 맞춘 것이다. 이것으로 거석이 갖는 안정감과 수직 기둥 그리고 수평 보가 만들어 내는 조형미를 느낄 수 있다.

이집트의 건축미 – 피라미드와 신전

이집트의 유적들은 신전이나 묘(피라미드)에 국한되어 있다. 현세의 건축보다는 사후의 건축을 중시하는 종교적 생활철학 때문이다.

이집트에서 세계 최고의 건조물은 피라미드 이지만과 기둥을 특징으로 하는 신전 건축이 많이 세워져 있다. 왕의 무덤인 피라미드가 왕들의 주검이 안착된 곳이라면 신전은 왕의 미라를 만들고 장례식을 치르는 곳이다. 피라미드는 사람들에게 공개되는 것을 꺼려 땅속 깊숙이 지었다면, 신전은 신에 대한 충성과 부활 의지를 높이 드러내고자 더욱 크고 화려하게 지었다.

건축학 세계를 풀 수 있는 열쇠는 우리의 일상생활 안에 숨겨져 있다.

신전 건축 중에서도 카르나크의 아몬신전과 룩소르 신전은 다주실(많은 기둥을 세워 만든 공간)로 설계되었다. 신전의 모든 기둥에는 굵은 선들이 세로로 조각되어 있고 주두에는 파피루스라는

역사로 보는
건축 이야기

룩소르 신전

꽃이 장식되어 있다.

또한 오벨리스크를 들 수 있다. 오벨리스크는 거석으로 만든 사각주의 기둥으로 태양신을 상징한다. 오벨리스크의 형태의 아름다움과 강력한 건축양식은 시대를 넘어 바로크 시대의 광장, 근대의 기념탑 그리고 묘지 안에서 부활하고 있다.

고대 그리스, 로마의 건축미 – 신전 건축

고대 이집트에서 만들어진 많은 기념비적인 건축물은 석회암, 화강암, 사암으로 만들어진 석조 건축물이다. 일반적으로 주택에서는 햇볕에 말린 벽돌을 사용하였고 메소포타미아에서는 햇볕에 말린 벽돌과 함께 불에 구운 벽돌인 테라코타가 등장해 주택뿐만이 아니라 거대한 구축물에도 사용되었다.

고대 그리스 기둥 양식

도리아 양식   이오니아 양식   코린트 양식

한편, BC 4~11세기 말까지 지중해를 중심으로 번영했던 고대 그리스의 건축은 주택과 신전 모두 목재로 만들어졌다. 지금 우리가 보는 신전 건축은 모두 석조이지만 BC 6세기

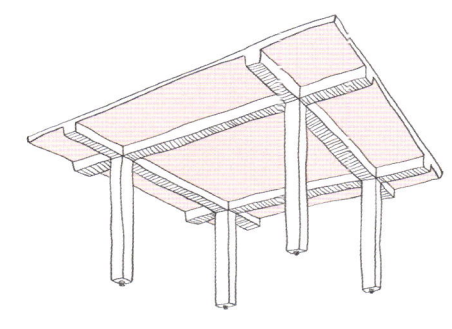

기둥과 보의 구조

경까지는 나무로 된 기둥과 대들보에 테라코타를 붙인 구조가 일반적이었다. 이것이 후에 석조로 바뀌었다. 석조신전의 하얀 대리석 기둥은 위로 올라갈수록 얇아지고 세로선을 강조하여 조각되었다. 이것은 목조였던 신전기둥의 특징을 돌기둥에 표현한 것이다. 목조에서 석조로 변화한 기둥과 보는 고대 그리스 건축의 특징이라 할 수 있는 도리아, 이오니아, 코린트 양식을 만들었다. 양식이라는 것은 신전을 만들기 위한 기둥과 수평부재인 보의 구성 기준을 말한다.

이 양식은 신전 입구를 직선적인 기둥과 보로 나타내는 간소한 건축미를 추구한 결과 생겨났다.

신전의 기둥은 건축 재료가 목조에서 석조로 바뀌어도 기둥과 보가 아름답지 않으면 안 되었다. 도리아식은 기둥이 굵고, 강직하게 생겨 남성

파르테논 신전

에 비유되었다. 이오니아식은 가늘고 우아하며 여성적인 특징을 가지고 있으며 기둥머리는 뿔 모양을 하고 있다. 코린트식의 기둥머리는 나뭇잎 장식을 한 것이 특징이다. 또한 건축에서 대단히 중요한 비례를 정할 때 각각의 양식에 따라서 부위별 비율이 결정되었다. 이처럼 양식이란 규범 지어진 형식일 뿐만 아니라 시각을 중요시한다는 것을 알 수 있다. 이 세 가지 양식은 후에 토스카나, 콤퍼지트 등의 기둥 양식이 추가되어 고대 로마의 건축에 이어진다.

고대 그리스 건축에서는 기둥과 보를 만드는 방식 즉 가구식 구조기술이 발달되어 있지 않아 기둥 사이의 간격을 넓게 하는 것이 불가능했다. 때문에 신전 건축은 중앙에 있는 신들의 공간을 둘러싸듯이 벽으로 막고 그 바깥 주변에 기둥을 배열하는 것이 일반적이었다. BC 6세기경 신전은 더욱 거대화되었고 기둥을 이중으로 배열하는 신전

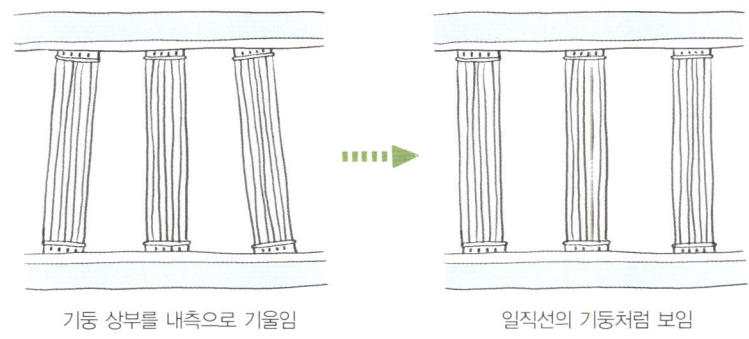

기둥 상부를 내측으로 기울임   일직선의 기둥처럼 보임

파르테논 신전의 시각 보정

양식이 나타났다.

기둥의 수가 많아짐에 따라 양식의 장식성은 더욱 중요해졌다. 이러한 양식의 발달로 BC 5세기경에는 고대 그리스 건축의 최고 걸작이라고 할 수 있는 파르테논 신전이 탄생했다. 파르테논 신전은 아크로폴리스 언덕에 3단의 기단을 세운 후 정면에 8개, 측면에 17개의 도리아식 대리석 기둥을 만들었다. 또한 내부에는 4개의 이오니아식 기둥을 사용했다.

신전 건축의 건축미는 원기둥의 두께와 높이, 그 기둥과 보의 높이 비례에 따라 좌우된다. 특히 신전의 계단과 기둥 위에 놓인 보가 위쪽

방향으로 완만하게 휘어져 있다. 또 모서리에 있는 원형 기둥을 두껍게 하여 기둥의 위쪽 부분을 안쪽으로 경사지게 기둥의 간격을 좁게 하였다. 이것은 신전의 형태를 의도적으로 왜곡시켜 신전이 수직적, 수평적으로 보이게 하는 시각 보정방법으로 기존의 수법과는 다른 건축미가 추구되고 있다.

상식박스

고대 로마의 네 가지 건축미

다양성에서 태어난 아름다움

고대 그리스 건축의 특징은 건축양식의 틀 안에서 건축미를 표현했다는
것이다. 기둥과 보가 만들어 내는 구조미와 조형미를 철저하게 추구한 결
과 그리스 건축은 예술성이 높은 조각과 장식이 태어날 수 있었다.

그러나 BC 4세기 후반 그리스 건축은 큰 전환을 맞게 된다. 알렉산더 대
왕의 동방원정과 함께 그리스는 오리엔트 문명과 활발하게 접속했고 지
중해 연안의 전 지역을 포함하는 세계화가 진행되었다. 이른바 헬레니즘
문화가 도래한 것이다. 거대화, 국제화된 헬레니즘 문화는 도시국가의 사
상을 가져다주었다.

신전 중심으로 세워졌던 건축은 시민을 대상으로 한 광장과 집회장, 극장
등의 공공시설을 중심으로 다양화되었다. 더욱이 그리스 건축은 신전의
아름다운 조형을 탐구할 뿐만 아니라 통일 가능한 건축양식도 추구하게
되었다. 이처럼 건축미는 신에서 사람들을 위한 것으로 바뀌었고 그 사상
은 고대 로마 건축에 계승되었다.

공간 예술로 탈바꿈한 건축

BC 1세기 말경 고대 로마제국은 막대한 영토를 지배했던 강력한 국가였
다. 때문에 고대 로마 건축은 그리스 건축 이상으로 다양한 문화를 흡수
하면서 여러 용도의 건축물을 만들었다. 신전은 물론이고 궁전, 광장, 원
형 경기장에 이르기까지 건축양식과 규모를 발전시키면서 고대 로마 건

축이 등장하였다. 또한, 토목 면에서도 고대 로마 건축은 큰 진보를 가져다주었다. 세밀하게 펼쳐진 상수도와 하수도시설, 가로와 공공시설 등의 인프라(기초시설)가 생겨나고 도시의 기능이 정비되었다. 도시형성을 기반으로 발달한 고대 로마 건축은 공간과 형태가 통합하여 만들어지는 건축미를 추구하였다. 이로써 건축은 고대 로마 건축에 이르러 공간예술로 탈바꿈하게 되었다.

아치, 볼트, 돔이 만들어 낸 변화

로마 건축의 발전은 기술에서도 현저하게 나타났다. 돌이나 벽돌을 쌓는 조적기술이 다양하게 발달하여 아치, 볼트, 돔 등의 구조를 사용하여 대규모의 건

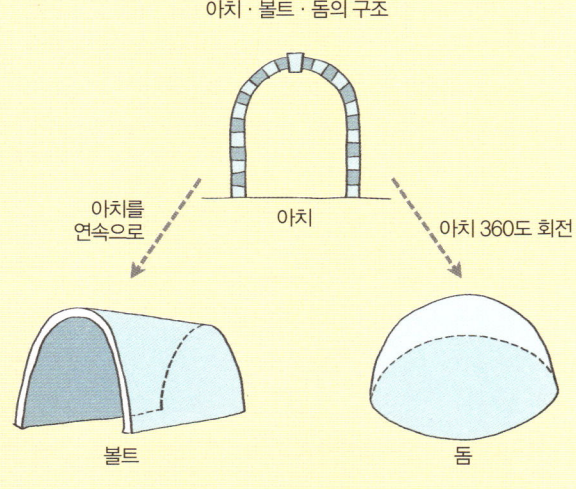

아치 · 볼트 · 돔의 구조

아치를
연속으로

아치

아치 360도 회전

볼트

돔

물을 세우게 되었다. 아치는 둥근 반원의 형태이다. 아치에서 발전한 구조가 볼트이고 볼트는 아치를 길게 터널처럼 연장한 형태이다. 이 볼트는 후에 배럴볼트와 교차볼트로 발전하게 된다. 아치를 360도 회전시켜 만든 것이 돔이다.

이러한 아치, 볼트, 돔은 공간을 위주로 하는 거대한 크기의 건축은 물론 채광을 위하여 개구부를 만드는 것도 가능하게 하였다.

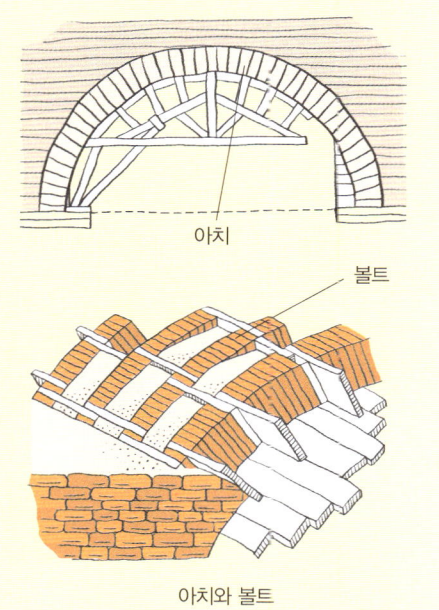

아치

볼트

아치와 볼트

대표적인 건축물로 판테온을 들 수 있다. 판테온은 출입구에는 고전적인 열주, 중심부에는 직경 40.8미터의 거대한 구형 돔이 있는 신전이다. 로마제국의 중심을 상징적으로 표현한 이 건축물의 가장 큰 특징은 바로 돔이다. 돔의 정점에는 8미터 정도의 구멍이 뚫려져 있어 외부에서 빛을 받아 돔 내부의 기둥과 장식 등을 아름답게 비추는 것이 가능해졌다. 또한 판테온이 등장한 이후 외부뿐만 아니라 건축 내부에도 곡선을 많이 사용하게 되어 공간에 명확한 변화를 몰고 왔다.

상식박스

공간 예술을 가능하게 한 콘크리트

콘크리트의 출현으로 고대 로마는 돔 건축이 가능하게 되었다. 로마의 콘크리트는 화산재와 돌가루를 물과 섞어 만든 것으로 이 재료를 사용한 건축물은 BC 2세기경 로마에 등장했다. 물론 이전에도 콘크리트는 아치를 연속하여 만든 볼트 구조의 건축물에 기와와 돌을 쌓기 위한 접착제로 쓰였다. 하지만 여러 형태로 만드는 것이 가능한 콘크리트의 출현으로 건축은 더욱더 자유로운 구조의 조형미를 추구하게 되었다.

이러한 건축의 구조기술과 재료로 고전주의 건축뿐 아니라 서양 건축의 기초가 확립되었음은 말할 필요도 없다.

건축, 종교와 눈 맞다

기독교의 국제화 – 교회 건축 성장

고대 로마에서 형태와 공간이 통합된 예술성을 보여준 건축은 4세기에 큰 변화를 맞게 되었다. 서기 313년 로마의 황제 콘스탄티누스가 기독교를 국교로 인정한 것이다. 그전까지 기독교는 바실리카라고 하

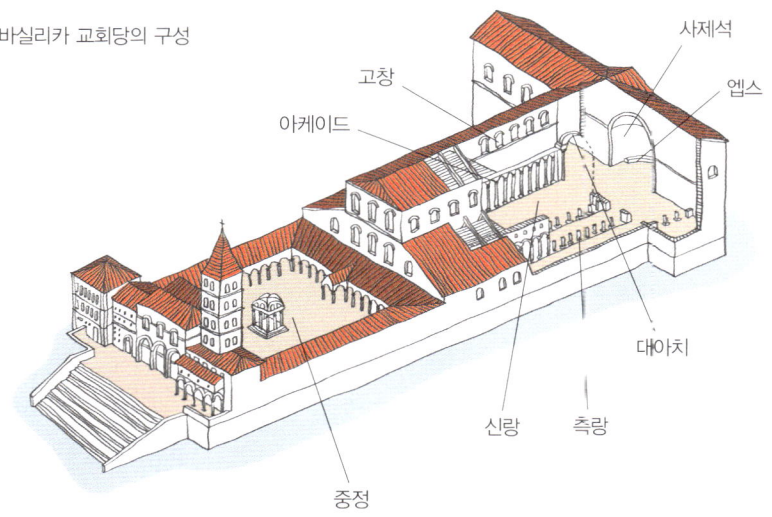

바실리카 교회당의 구성

사제석
고창
엡스
아케이드
대아치
신랑
측랑
중정

비잔틴 건축 양식은 그리스와 로마의 건축문화를 기본으로 하여 페르시아 등 동양적 요소를 가미한 통합된 양식이라 할 수 있다.

는 집회소에서 기도를 하였다. 그러나 기독교가 국교로 인정되어 하나의 세력으로 확대된 이후, 교회 건축은 기독교의 발전과 함께 눈부시게 성장했다.

초기 기독교 교회의 양식은 바실리카를 계승한 바실리카식 교회당이라고 불리는 간소한 양식이었다. 내부는 신랑, 측랑, 열주와 성역으로 설계된 반원형의 엡스로 구성되었다. 신랑 상부의 연속되어 있는 고창에서 채광이 되고 시선은 자연스레 엡스 쪽으로 향하도록 설계되었다. 초기 기독교의 건축 활동은 로마 건축을 그대로 계승하면서 그리스나 로마의 정신을 기독교 정신으로 대치시켰다는 데 의의가 있다.

돔의 중요성을 증가시킨 비잔틴 건축

서기 330년 콘스탄티누스 대제는 수도를 로마에서 콘스탄티노플(이스탄불)로 이전한다. 이때 태어난 교회 건축이 비잔틴 양식이다. 비잔틴 건축 양식은 그리스와 로마의 건축문화를 기본으로 하여 페르시아 등 동양적 요소를 가미한 통합된 양식이라 할 수 있다.

비잔틴 양식의 특징으로 헬레니즘 문화의 건축기술에 서아시아의 훌륭한 아치기법이 도입된 돔을 들 수 있다. 로마시대에 돔은 반원형의 형태로 돌출되어 있었고 초기 기독교 교회에서는 반원형으로 튀어나

온 것을 엡스라고 불렀다. 초기 기독교 양식인 바실리카에서는 엡스
를 성역화된 공간으로 다루어 왔고 비잔틴 양식에서는 엡스를 더 높
게 설치하는 것이 신의 상징성을 높이는 것이라고 생각했다.

또한 구조적 특색으로는 하부의 펜덴티브가 상부의 돔을 지지하는 점
을 들 수 있다. 사각형 평면에 원형 돔을 얹는 방법에는 스퀸치
(squinch)를 두어 사각형 평면을 팔각형 평면으로 바꾼 뒤 돔을 얹는
것과 펜덴티브를 사용하는 것이 있다.

터키의 하기아 소피아 대성당은 비잔틴 양식의 최고 걸작으로 불린
다. 반원의 돔을 건물에 올려놓아 수직성은 더욱 높아지고, 돔 주변에
설계된 고창을 통해 들어온 빛은 대리석과 유리 모자이크로 장식된
내부를 엄숙하게 비춘다. 또 베네치아에 있는 산마르코 성당도 비잔
틴 양식의 대표작이다.

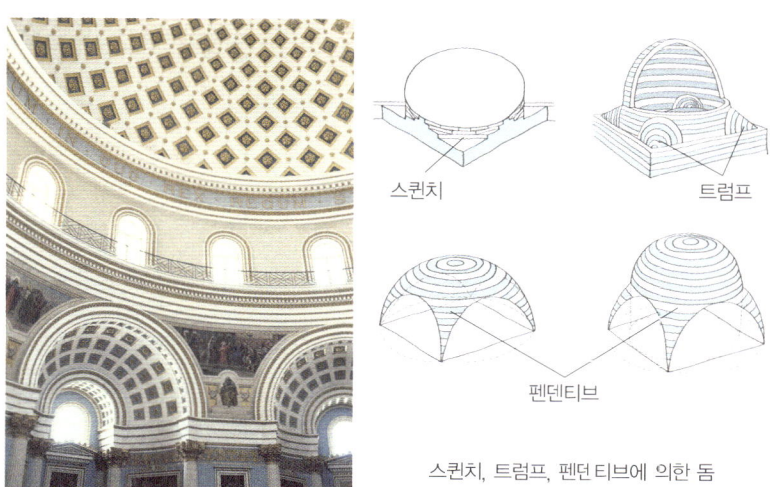

스퀸치   트럼프

펜덴티브

스퀸치, 트럼프, 펜던티브에 의한 돔

소피아 대성당

지방 풍토에 맞추어서 생겨난 로마네스크 건축

서기 1000년에 들어서서 기독교에 종말사상이 만연하면서 사람들은 성지 순례를 떠나게 되었다. 이에 11세기 서유럽의 순례지 주변으로 교회 건축이 활발히 세워졌다. 이 시대의 건축양식을 로마네스크 양식이라고 한다.

로마네스크 건축의 특징은 서유럽 각지의 풍토에 맞추어 지어졌다는 점이다. 지역의 기술자가 그 지역의 특성에 맞는 건축재료와 기술을 사용하여 지었기 때문에 지금도 주변 환경과 잘 어울리는 교회 건축을 볼 수 있다.

또한 로마네스크 건축은 비잔틴보다 더욱더 엄격하고 숭고한 공간을

추구했다. 천정에는 석조 볼트
를 많이 사용했다. 일반적으로
볼트 천정은 똑같은 크기의 볼
트를 교차(교차볼트)시켜 정방
형의 평면 형태로 만들어 교회
내부 기둥에 지지했다.

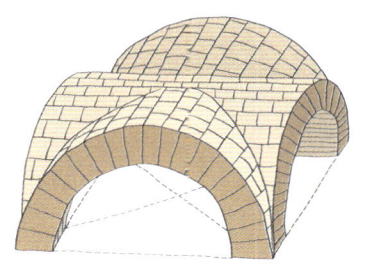

교차볼트

이탈리아의 피사 대성당의 기둥은 서로 다른 원형 기둥과 각진 기둥
등을 사용하여 시각적인 변화를 추구했다. 또한 이 성당은 교회와 종
탑(이른바 피사의 사탑)을 완전히 분리한 것이 특징이다.

권위를 상징하는 고딕 건축

12세기 북 프랑스에서 일어난 고딕 건축은 기독교 교회의 권위를 상
징한다. 또한 인간이 하늘과 연결되는 높이를 희망한다. 나아가 거대
한 창을 통해 들어오는 환상적인 빛은 신의 공간에 어울리는 건축양
식이라고 할 수 있다.

일반적으로 고딕 건축은 보는 사람을 압도할 정도로 첨탑이 하늘을
향해 높이 솟아있다. 또 상승감을 주는 높은 천정과 스테인드글라스
를 통해 들어오는 빛은 내부를 신비스럽게 한다.

고딕 건축의 세 가지 특징은 첨탑아치, 리브볼트, 플라잉 버트레스이
다. 신랑 부분의 천정을 리브볼트로 가능한 한 높게 만들고, 스테인드
글라스로 장식한 창을 크게 내어 높게 올라간 건물의 뼈대를 플라잉

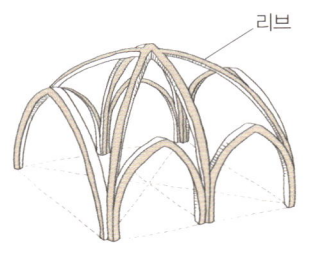

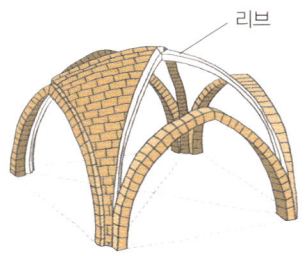

6분교차 리브볼트   4분교차 리브볼트

버트레스로 보강한다.

동시에 내부는 기둥 등의 구조재를 선의 형태로 천정까지 끌어올려 수직성을 더욱 강조하고, 스테인드글라스로 장식한 창은 보는 사람으로 하여금 마치 하늘로 오르는 것 같은 착각을 일으키게 한다. 고딕 건축의 대표작으로는 파리의 노트르담 성당과, 이탈리아의 밀라노 대성당 등이 있다.

고전 건축을 교회에 재생하는 르네상스 건축

르네상스는 14~15세기에 예술과 건축에 대한 관심을 일깨우기 위해 일어난 문예부흥운동으로 인간과 신의 관계에서 인간성을 부활하려고 했다.

이 새로운 운동은 중세 로마네스크시대 성직자의 권위에 날카롭게 대응하며 빠르게 퍼져나갔다. 예술가들의 익명성이 특징이었던 중세시대와는 달리 유명한 예술가나 건축가가 많이 배출되었다. 그들은 오직

노트르담 성당의 내부

밀라노 대성당

자신만의 독특한 창조적 동기에서 영감을 얻
어 작품을 제작하였다.
특히 이탈리아 피렌체에서 시작한 르
네상스 건축은 고대 그리스, 로마 건
축을 15세기에 재생하고, 교회 건축을 창조의 장으로 추구한 건축양
식이다.
브루넬레스키가 설계한 피렌체의 산타마리아 델 피오레 성당의 거대
한 돔은 르네상스 건축을 대표한다. 팔각형 돔의 안쪽에 반구형 돔을
사용하여 이중 구조를 만들고, 수학적 비례의 아름다움을 표현한 공간

을 만들었다. 또, 조각과 재료의 중량감을 살리면서 자립적인 조형미
를 표현하고 있다.

특히 이 시대에는 르네상스를 대표하는 건축가인 알베르티, 브라만
테, 라파엘로, 미켈란젤로 등이 활약하였다.

색과 형태로 감성에 호소하는 건축

17세기 로마에서 개화한 바로크 건축

르네상스 건축에 와서 균형을 잡은 유럽의 교회 건축은 17세기에 들어서 타원과 곡선 등을 강조하는 바로크 건축이 주를 이루었다. 바로크 건축은 정직하고 합리적인 아름다움보다는 왜곡된 형태와 복잡한 조형 그리고 색채에서 아름다움을 추구한 건축양식이다. 바로크 건축은 바티칸의 성 베드로 대성당에서 시작하였다. 르네상스기에 시작한 성 베드로 대성당의 공사는 건축가 베르니니가 1세기 이상의 세월을 걸쳐서 완성하였다. 성 베드로 대성당은 르네상스와 고전주의 교회 건축에서 볼 수 있는 수직성과 직선을 강조한 양식과 전혀 다르다. 거대한 크기를 기본으로 타원과 곡선을 화려하게 이용하고 장식을 풍부하게 사용하여 바티칸 가톨릭 성지에 어울리는 극적인 공간을 만들었다. 바로크의 교회 건축은 정숙, 장엄하며 거대한 스케일과 화려한 내부 공간이 특징이다.

역사로 보는
건축 이야기

또한 베르니니는 광장, 분수, 다리 등의 조각 디자인이도 곡선과 타원을 사용하는 등 로마 전체를 바로크화하려고 했다.

억제된 아름다움을 갖는 프랑스 바로크

이탈리아의 건축양식을 이어받은 프랑스는 주로 성과 궁전 건축에서 바로크 건축 양식을 전개하였다. 그 대표적인 작품인 베르사유 궁전은 시각적 효과를 노린 기하학적인 모양의 정원과 차 색된 연속 볼트의 천정, 그리고 중후한 열주를 갖고 있다. 이 궁전은 루이 14세의 절대 권력을 상징하기 위해 만들어졌다.

베르사유 정원

특히 베르사유 정원의 기하학적 모양은 궁전 내의 선적인 정렬과 연장되어 있다. 이런 식의 중심점과 축이 있는 평면도는 경관을 강조하고 기념비적인 효과를 극대화하는 것으로 당시 도시설계의 전형적인 유형이었다.

베르사유 궁전으로 대표되는 프랑스 바로크 건축은 이탈리아 바로크와 같이 곡선과 타원을 사용한 독창적인 장식성을 더 이상 강조하지 않았다. 전체적으로 직선적이고 균형 있는 억제를 도입하여 바로크의 극적인 공간을 표현했다. 폭이 긴 성의 양쪽 끝부분과 중앙부를 튀어나오게 설계한 파빌리온 형식과 지붕의 경사각을 도중에 변화시킨 맨사드 지붕도 프랑스 바로크 건축의 특징이다.

식민지를 통해서 세계로 퍼져나가는 바로크 건축

바로크 건축은 17~18세기 초경까지 유럽을 시작으로 세계로 퍼져나갔다. 이때 서구 열강이 적극적으로 식민지 정책을 펼쳤기 때문이다.

예를 들면, 스페인에서는 세부적인 것까지 풍부하게 장식하는 전통이 바로크 건축으로 펼쳐져 과도하게 장식된 교회 건축이 태어나게 되었다. 이런 스페인 바로크 건축양식은 식민지인 멕시코와 페루 등의 중남미에서도 이용되어 장식이 증가

한 바로크 건축이 활발히 지어졌다. 이렇게 세계로 퍼져나간 바로크 건축은 특히 식민지화된 지역과 나라에 따라서 19세기까지 계속 이어졌다.

장식성을 강조하는 로코코 건축의 탄생

바로크를 성과 궁전 건축에 이용하면서 독자적으로 바로크 건축을 발전시킨 프랑스는 18세기 로코코 건축을 만들어 냈다.

로코코 건축은 궁정생활에 어울리는 화려한 공간이 특징인 건축양식이다. 중후함을 자랑하던 궁정 내의 공간은 로코코 건축의 탄생으로 빠른 속도로 우아하게 변했다. 하얀색을 많이 쓰고 자연스러운 곡선과 조개 모양이 들어간 장식을 사용했다. 이러한 장식은 벽면을 분할하여 온 기둥을 장식으로 대신하여 이용되었고, 이것들을 자유자재로 변형하고 조합시켰다. 이 양식은 독일의 성당 건축에서 가장 많이 사용하였다.

이성과 고고학의 배경에서 태어난 신고전주의

유럽을 시작으로 세계로 퍼져나간 바로크, 로코코 건축은 18세기 중반에 들어서면서 다시 고대 그리스 로마 건축으로 돌아갔다. 이런 신고전주의는 19세기 초까지 계속되었다. 이미 15~16세기 유럽에서는 신고전주의가 르네상스 건축에서 활발하게 진행되었다. 그러나 18세기에 부흥했던 신고전주의는 르네상스 건축의 고전주의 재생과는 전혀 다른 배경을 가지고 있다.

신고전주의가 발생한 배경에는 두 가지 원인이 있다. 첫째로 이 시기에는 사물을 과학적, 합리적으로 바라보려는 생각이 사회적으로 널리 퍼져있었다. 둘째로 고고학의 발달과 함께 고대 그리스의 유적 등이 활발히 발굴되어 고전 건축에 관한 정확한 연구성과를 얻을 수 있었다. 이때 건축의 역사학도 시작되었다.

신고전주의 건축은 그리스 로마 건축의 정확한 데이터를 과학적, 객관적으로 살펴보고 이상적인 조형미와 건축미를 추구하였다.

역사로 보는
건축 이야기

신고전주의가 만연한 18세기 후반에는 건축의 기원과 본질을 찾으려는 건축이론을 전개하였다. 건축의 이론적인 배경에 따라서 고전주의 건축의 특징인 기둥과 보가 만들어 내는 단순한 구조의 아름다움에 주목했다. 또한 영국과 프랑스를 중심으로 신고전주의 건축물을 계속 만들어 갔다. 또 신고전주의의 특징으로 단순한 기하학 형태로 이루어진 도시계획과 거대한 구체를 사용한 기념관을 들 수 있다.

19세기에 들어서 전성기를 맞이한 신고전주의는 각국의 사회정세에 따라 서로 다르게 전개되었다. 예를 들면, 프랑스에서는 나폴레옹이 파리를 로마제국과 견주기 위하여 신고전주의 양식에 장대함을 더하여 건축하였다. 고전주의의 오더(기둥의 양식)를 대신하여 화려하고 웅장하게 조각된 파리의 에투알 개선문은 나폴레옹의 전쟁 승리를 기념하기 위해서 세워졌다. 또 독일은 신고전주의를 자국의 근대화를 가져다주는 건축양식으로 생각해 더욱 중요하게 받아들였다. 아테네의 아크로폴리스에 있는 문을 기본으로 한 베를린의 브란덴 브루크 문과 박물관 등이 그리스 로마 건축을 모티브로 하여 활발히 세워졌다.

신고전주의는 '자연으로 회귀' 라는 특징이 있다. 르네상스 이후 유럽에서 유행하였던 기하학 모양의 정원을 다시 자연적 형태의 정원으로 재현하려고 했다. 일반적으로 영국식 정원이라고 한다. 가능하면 축선을 갖지 않고 자연스럽게

파리의 개선문

정원을 조성하면서 나무를 심는 방법으로 '픽쳐 레스크(Picturesque)' 라고 한다.

이 방법은 후에 프랑스의 베르사유 궁전에 있는 퀸즈 코티지에서도 채용되었다. 퀸즈 코티지는 마리 앙투아네트의 별장으로 궁전 내의 건물이라고는 생각할 수 없을 정도로 자연과 조화를 이룬다.

건축양식의 리바이벌과 다원화

19세기에는 르네상스와 바로크 건축 등을 다시 보는 네오 르네상스 양식과 네오 바로크 양식이 발전하였다.

또 영국과 독일에서는 건축의 용도에 적합한 양식을 구하려는 건축이론이 전개되었고 고딕 양식의 리바이벌도 활발히 진행되었다. 이런 리바이벌은 고전주의에서 바로크까지의 건축역사 안의 모든 건축양식이 동시에 나타나고 이어졌다는 것을 말한다.

과거와 같이 하나의 건축양식을 따르는 것이 아니라 각각의 건축양식의 부분적인 특징을 채용하면서 건축 용도에 적합한 구조와 조형미를 추구하게 되었다. 19세기 중반부터 30년에 걸쳐서 도시계획을 진행한 빈은 공공건축물에 여러 건축양식을 채용하였다.

신소재로 자유를 추구한 아르누보

study #06

철과 유리로 모색하는 건축

19세기 말 철과 유리는 건축에 획기적인 혁명을 가져왔다. 이전까지 건축은 오더를 시작으로 역사적 건축양식을 기본으로 하여 건축양식을 만들었다. 그러나 산업혁명을 거치면서 건축은 역사적 건축양식과는 상관없이 인간의 자유로운 발상에 따라 공간을 구성하고 건축미를 표현하였다. 또한 19세기 대부분을 철과 유리를 사용하여 자유로운 표현을 실현하기 위해 실험하면서 보냈다. 기차역사와 도서관 나아가 교회 건축 등에서도 철과 유리가 활발히 이용되었다. 하지만 대부분 양식이 절충된 형태였고 기본적으로 과거의 역사적 건축양식의 범위를 넘지 못했다.

또 영국에서는 철과 유리를 사용해 '수정궁' 이라는 거대한 온실을 완성하였다. 이것은 건축의 장식적인 아름다움을 배제하고 철골의 구조체와 유리가 만들어 낸 건축미를 보여주는 최초의 건물이다.

역사로 보는
건축 이야기

이것을 기본으로 19세기 후반 영국에서는 미술공예운동이 일어났다. 중세 기술자의 이상을 추구하고 수공예 생산을 주장한 운동으로 새로운 디자인을 목표로 했다. 이후 이 운동의 영향을 받은 프랑스에서 아르누보가 탄생했다.

아르누보는 산업 부르주아

아르누보는 1895년 파리에서 개점한 미술공예품점의 이름에서 유래하였다. 영국에서는 모던 스타일, 이탈리아에서는 티버티, 독일에서는 유겐트 스틸이라고 불렀다. 이 새로운 양식은 영국, 스페인, 핀란드 등 19세기 말 유럽에 큰 바람을 일으키며 공예와 건축 등의 디자인에 큰 영향을 주었다.

아르누보는 철제문의 장식과 유리그릇 등에 철과 유리, 타일 등을 사용하여 자유롭게 표현하는 것이 특징이다. 건축에서도 이러한 특징을 살려 기존의 역사적인 건축양식에 의존하지 않고 만드는 사람의 감성에 따라 화려하면서 우아한 조형미를 만들어 갔다.

이탈리아에서는 특히 밀라노와 토리노 등의 신흥 산업도시에서 나타난 것처럼 아르누보는 귀족과 교체된 산업 부르주아가 지지한 양식이다. 후에 독일에서는 공공예술로 비난을 받고 히틀러에 의해서 파괴된 역사이기도 하다.

아르누보의 영향을 받은 오스트리아 빈에서는 오토 바그너를 대표로 하는 세제션(빈 분리파)이 결성되었다. 그는 "실용적이지 않은 것은 아

사그라다 파밀리아 성당

역사로 보는
건축 이야기

름다울 수 없다"라고 말할 정도로 실용성을 중요시했다.

또 스페인 바르셀로나에서는 건축가 도미니크 몬타네르를 중심으로 카타르니아 지방의 전통적 건축양식에 아르누보를 결합한 새로운 건축을 만들었다. 이 영향을 받은 안토니오 가우디는 공학적인 건축구조와 독특한 곡선을 조화시킨 공동주택과 공원을 만들었다. 그중에서도 사그라다 파밀리아 성당은 120년이 지난 지금까지도 공사를 계속하고 있다.

장식에서 기능의 시대로

아르누보가 쇠퇴한 후 직선을 모티브로 한 양식인 아르데코가 발전하였다. 아르누보나 아르데코 그리고 지금까지 이야기한 양식은 큰 의미로 장식이라고 볼 수 있다.

20세기 초 유럽의 건축에 큰 변화가 일어났다. 근대사회가 시작하면서 건축에서도 장식을 배제하고 기능 자체를 주장하게 되었다. 때문에 아르누보가 부정해 온 역사적 건축양식이 다시 주목받게 되었다. 하지만 철과 유리, 그리고 새로운 철근콘크리트를 갖게 된 20세기 건축은 더 이상 역사적인 건축양식을 따르지 않았다. 산업혁명으로 공학기술이 진보한 건축은 근대건축에 어울리는 건축양식을 모색하기 시작했다. 기능적이고 합리적인 근대건축이 태동하면서 건축은 더욱 장식을 배제하게 되었다.

근대건축이 모색하는 여러 가지 건축양식

근대건축은 여러 행태로 전개되었다. 사회주의 혁명이 일어난 러시아에서는 혁명정부의 비호 아래 전위예술가들이 구성주의를 전개했다. 구성주의는 추상적인 도형을 합리적으로 구성하거나, 미술, 연극, 건축, 조각 등의 분야에서 전통을 배제하고 첨단기술을 디자인에 이용하는 운동이다.

건축에서는 단순한 직방체를 기준으로 한 단순기하학 형태에 최신 건축기술을 표현해 갔다. 반면 이탈리아의 미래파는 전위예술가들이 디자인에 속도감과 동적인 움직임을 표현한다. 건축 분야에서는 안토니오 산텔리아가 도시계획과 건축디자인에 동적이고 기계적인 미래의 이미지를 부여했다. 이 외에 유기적 디자인을 행한 독일의 표현주의, 추상적인 조형을 주제로 한 네덜란드의 데 스테일 등이 있다.

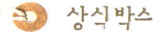

철과 유리를 이용한 최초의 건축물, 수정궁

지금은 철과 유리로 된 건축물을 흔히 볼 수 있지만 이들의 역사는 그리 오래되지 않았다. 철과 유리를 이용한 최초의 건축은 150여 년 전에 만들어졌다.

1851년 5월 1일, 세계 최초의 박람회인 런던 박람회가 하이드 파크에서 열렸다. 런던은 물론, 영국 각지와 유럽 대륙에서 수많은 관람객이 모여들었다. 런던 박람회는 산업혁명의 시발점이자 세계의 공장인 영국의 위세를 과시하는 자리나 마찬가지였다. 겉으로는 유럽 각국의 공업제품 전시회를 표방하고 있었지만, 사실 전 시장의 절반 이상을 차지한 제품은 기관차 엔진, 동력 직기, 공작 기계 등 모두 영국제품이었다.

그러나 관람객들은 전시장에 채 들어서기도 전에 전시장 자체를 보고서 놀란 입을 다물지 못했다. 런던 박람회를 위해 만들어진 전시장인 '수정궁(Crystal Palace)'은 말 그대로 유리로 만든 궁전이었다. 정확하게 말하자면 철제 구조물 위에 유리를 덧씌운 건물이었다. 그때까지 건물이라면 나무나 벽돌, 석조로만 만드는 것으로 알고 있던 관람객들은 투명하게 빛나는 벽과 지붕, 그리고 경쾌하면서도 유려한 맵시를 자랑하는 새로운 양식의 건물에 놀랄 수밖에 없었다.

조셉 팩스턴이 설계한 수정궁은 박람회 개막 3달 전인 1851년 2월에 완성되었다. 영국은 이미 1779년에 철제 교량인 '아이언 브리지'를 완공할 정도로 강철 건축에 대한 노하우를 갖고 있었다. 수정궁의 탄생은 이 같

은 기술의 발전 덕분에 가능했던 것이다. 또한 수정궁은 강철을 규격 재료로 만들어 조립한 최초의 건물이다. 쉽게 말하면 조립식 건물인 셈이다. 규격화된 강철 프레임과 유리를 조립해 만든 덕분에 건축 기간과 시공비를 크게 절감할 수 있었다.

수정궁이 건축되기 전까지 강철은 실용적이기는 하지만 미(美)적이지는 않은 자재로 인식되고 있었다. 그러나 수정궁을 통해 건축가와 토목기술자들은 강철의 무한한 가능성에 눈을 뜨게 되었다. 수정궁은 이후 1936년 화재로 소실되었지만 철과 유리는 건축 분야에 없어서는 안 되는 새로운 재료로 각광받게 되었다. 이러한 재료와 공법은 1970년대 프랑스 퐁피두 문화센터와 같은 기술적이고 미적인 20세기 하이테크 건축으로 발전하게 된다.

현대건축은
어떤 모습을 하고 있을까?

study #07

보편성을 추구한 인터내셔널 스타일

공업화 사회의 급격한 발전으로 합리성과 경제성을 추구한 건축은
철, 유리, 콘크리트 등의 공업제품을 사용하여 자유롭게 표현되었다.
근대건축 초기 지역주의에 눈을 돌려 새로운 건축양식을 활발히 모색
하던 운동은 물러가고 1930년에 커다란 조류가 일어나는데, 이것이
바로 인터내셔널 스타일(International Style)이다.

철과 철근콘크리트 구조를 기본 형태로 하고 연속된 창과 단순, 명쾌
한 수평지붕이 디자인의 특징이었다. 상황에 따라서 필로티를 설계하
여 건물 전체를 위로 띄우고 근대적인 감각에 어울리는 경쾌한 이미
지를 주었다.

건축은 본래 그 지역의 재료와 기술, 풍토와 문화에 배양되어 온 전통
적인 건축양식을 사용하는 것이 중요했다. 그러나 철, 유리, 콘크리트
등의 공업제품은 세계 어느 곳에서나 구할 수 있기 때문에 인터내셔

널 스타일의 출현은 결국 시대의 요청이라고 할 수 있다.

거장의 건축 - 미스, 꼬르뷔제, 라이트

인터내셔널 스타일로 정력적인 작품활동을 하여 전 세계 건축계에 영향을 준 사람으로는 앞에서 말한 그로피우스를 시작으로 독일의 미스 반 데어 로에와 프랑스의 르 꼬르뷔제, 미국의 프랭크 로이드 라이트가 있다. 이들을 근대건축의 3대 거장이라고 한다.

독일의 미스는 '흥미로운 건축을 하기보다는 훌륭한 건축을 하고 싶다'고 말하며 철과 유리와 같은 재료를 사용하여 건축이 재료를 통해서도 활기와 당당함을 표현할 수 있다는 사실을 증명했다. 철과 유리를 통해서 새로운 공간구성을 하길 바라던 미스는 1958년 초고층 빌딩의 원형이 된 뉴욕의 시그램 빌딩을 만들었다. 미스의 'LESS IS MORE' 즉, 건축장식은 '적을수록 더욱 많은 것이다'라는 단순, 간결한 미학이 담겨져 있다.

한편, 철과 유리, 철근콘크리트를 사용해 주택건축의 인터내셔널 스타일을 탐구한 르 꼬르뷔제는 '주택은 살기 위한 기계'라고 주장하며 기둥, 보의 단순한 상자형태의 구조체에 풍부하고 다양한 공간을 표현한 사보아 주택을 만들었다. 이 작품

에서 꼬르뷔제는 주택의 수평방향으로 연속된 창과 옥상 테라스, 필로티 등을 사용해 인터내셔널 스타일의 주택건축 모델을 제시했다. 꼬르뷔제의 대규모 주택건설 프로젝트는 그의 일반주택과 마찬가지로 공간과 빛의 중요성을 강조했고 변화하는 사회에서 거주방식이 나아갈 방향을 제시했다. 이런 연구 결과로 1800명의 도시인구가 모두 한 건물에 산다는 개념의 위니테 다비타시옹이 탄생했다. 건물 안에는 상점과 탁아소 등 도시생활에 필요한 모든 설비들을 갖춰놓았다. 또한 옥상에는 아이들을 위한 수영장과 놀이공간이 있어 옥상정원의 역할을 톡톡히 했다.

또한 꼬르뷔제는 인체치수에서 비례관계를 고안한 모듈(인체를 기본으로 한 단위)을 기준으로 설계하였다.

똑같이 주택건축에서 출발한 프랭크 로이드 라이트는 인터내셔널 스타일에 대하여 독자적인 생각으로 작품을 만들었다. 라이트는 주택 내부에 벽을 만들지 않고 연속된 내부공간을 실현하고 튀어나온 차양과 수평방향의 외벽을 사용하여 내부공간의 구성과 외관 디자인의 조화를 계획하였다. 시카고의 로비주택은 이 방법을 이용한 디표작품으로 수평방향의 낮은 디자인은 대초원의 지평선에 조화시킨 이미지라고 하여 프레리 하우스라고 불리며, 20세기 주택디자인에 커다란 영향을 끼쳤다. 또 펜실베이니아의 낙수장은 자연과 인터내셔널 스타일을 완벽하게 조화시켰다. 라이트는 주택건축 이외에도 뉴욕의 구겐하임 미술관 등 유기적인 키워드로 여러 가지 건축물을 만들어 갔다. 유기적 건축이

구겐하임 미술관
사진제공 : 황선미

역사로 보는
건축 이야기

란 기계와 같은 건축이 아니고 자연과 건축을 감싸는 환경이 공생하며 만들어 가는 것을 말한다.

근대건축의 거장이라고 불리면서 후반기에 꼬르뷔저 의 작품과 라이트의 작품이 잃지 않은 것은 인터내셔널 스타일에서 배제되었던 장식성을 다시 고쳐보는 계기가 되었다.

건축가의 개성을 경쟁하는 포스트모던(Post Modern) 건축

1960년대에 들어와서 이미 확립된 제도나 권력에 이의를 제기하는 흐름이 일어났다. 이것은 건축뿐만이 아니라 다양한 분야의 창조활동에 큰 변화를 가지고 왔다. 특히 건축은 인터내셔널 스타일의 균일한 건축양식에 대하여 비판적인 운동을 했다. 즉, 근대모던(Modern)에서 포스트모던(Post Modern)으로 변화한 것이다.

건축은 최신의 건축재료와 기술을 사용하여 건축양식에 따라서 만들면 된다는 시대는 끝났기 때문이다. 건축은 건축가의 미의식과 철학을 발휘해야 더욱 풍부한 아름다움을 표현할 수 있다. 건축가들은 스스로의 철학과 미의식으로 근대건축이 부정해 온 건축의 장식성을 부활시키고 작품에 역사를 표현하거나, 건축양식을 활용하는 자유를 얻었다. 이러한 사고를 모더니즘(Modernism)과 비교하여 포스트모던(Post Modern)이라고 부른다.

포스트모던 건축은 익숙한 것, 역사적인 것, 토속적인 것에서 나온 건축을 감싸 안게 되었다. 그 결과 모호하고 때로는 급진적인 절충주의가 등장하게 되었다. 즉, 포스트모던은 다양한 장소와 시대를 통틀어 쉽게 알아차릴 수 있는 건물로 주로 고전주의 양식을 택해서 자기 마음대로 사용했다.

1930년대 국제주의 양식의 보급을 촉진했던 미국의 건축가 필립 존슨은 40년 후 포스트모던 건축의 리더가 되었다. 그가 설계한 뉴욕의 AT&T 빌딩은 포스트모던 건축의 양식을 설명하는 가장 좋은 예이다. 반구형 중앙입구에는 작은 문들이 있고, 골조 위에는 돌을 덧입혀 고전주의의 석조 건물처럼 보이도록 위장했다. 또한, 꼭대기 옥상 부분은 고대양식을 흉내 낸 초대형 삼각지붕의 윗부분이 뚫려 있다.

하이테크(High Tech) 건축

모더니즘 건축의 비판이 활발히 진행되면서도 기술은 더욱 고도화되었다. 그중 고도의 첨단기술을 건축의 외부표층에 그대로 노출시킨 하이테크(High Tech)라는 건축표현이 출현하였다. 반짝거리는 금속 표면, 움직이는 건물, 기계처럼 보이는 건물은 하이테크 건축을 묘사한 말이다.

하이테크 건축의 대표적인 모델로 건축가 렌조 피아노와 리처드 로저스가 설계한 파리의 국립예술문화센터(구 퐁피두센터)를 들 수 있다. 이 건축물은 철제의 구조체와 배관설비 등을 외부에 그대로 노출시킨 건축표현이다. 1층은 서점, 티켓 판매소, 임시 전시 등이 있으며, 그곳을 벗어나면 공허한 공간이 펼쳐진다. 1970년대에는 내부구조를 상황에

따라 바꿀 수 있는 가변성이 중요한 관심사였다. 이 가변성을 이용하여 모든 구조체와 설비 시설들을 건물의 외부에 배치해 문제를 해결했다. 결국 내부공간은 임시 전시공간으로 사용할 수 있었다. 또한 로저스는 서비스 공간과 구조의 노출이 핵심이었던 이 모델을 발전시켜서 런던의 로이드 빌딩을 설계했다.

해체주의(Deconstructivism) 건축

1980년대에는 해체주의(Deconstructivism)라는 단편적이고 파괴적인 건축표현이 출현한다. 미국 건축가 프랭크 게리의 저택이 그 선구적인 예이다.

해체주의 건축은 기존 건축물의 완벽성, 일관성, 획일성에 새로운 긴장감을 주는 형태로 디자인되거나 파괴적, 미완성적 성향으로 표현된다. 즉, 해체주의 건축은 형태가 주는 의미의 불확정성은 형태의 유희라는 작업으로 나타나는데, 형태의 변형, 조작, 침식, 뒤틀림 등의 시도이다. 이러한 작업은 이론의 형태적 표현이라는 목적에서 시도되기도 하지만 목적 없이 행해지기도 한다.

또한 해체주의는 프로그램(Program, 기획)의 해체이기도 하다. 건축에서 프로그램이란 건물의 기능적 요구를 뜻하거나, 그 장소의 배경이 되는 문맥(Context)의 요구를 포함한다. 따라서 프로그램의

해체란 기능의 해체나 문맥의 해체로 나타난다. 방법은 기능의 거부나, 문맥의 단절 등으로 나타나지만, 기존의 방법과는 다른 차원에서 기능을 해석하거나 문맥을 해석하는 방법을 취하기도 한다.

20세기 대미를 장식한 건물이라고 일컬어지는 빌바오 구겐하임 미술관은 해체주의의 역동적 공간을 제시하고 있다. 건물은 여러 개의 긴 조각으로 해체되어 다시 조합된 형태로 그 표면은 물고기의 비늘처럼 티타늄 판으로 덮여있다. 전체의 형태는 어느 방향에서 보든지 신선하고 역동적인 모습이며 실내 공간 또한 마찬가지이다.

이러한 포스트모던 건축이나 해체주의 건축은 쉽게 정의를 내리기 어렵다. 물론 포스트모더니즘, 하이테크, 해체주의를 일시적 유행으로 보기도 한다. 하지만 이러한 건축표현은 다각적인 시점에서 건축의미를 표현하고 있다는 점에서 중요하다.

상식박스

한국 현대건축의 두 거장
김중업과 김수근

한국 건축예술계는 두 계보로 나뉘는데, 그 물줄기는 김중업과 김수근이라는 양대산맥에서 시작한다. 김중업(1922~1988)은 서구 모더니즘을 한국건축으로 승화시킨 최초의 건축가로 한국건축의 현대화를 이뤄냈다. 1952년 이탈리아로 건너가 르 꼬르뷔제에게 유럽 건축을 배웠다. 콘크리트 디자인으로 형태가 대담하고 디테일은 섬세하며, 여기에 한국적 전통을 재현한 것이 김중업의 전형적인 미학이다. 그는 특히 한옥의 지붕이 주는 양감에 주목했는데, 그의 건축에선 굵게 움직이는 선과 작은 원이 서로 나란히 놓여 하나의 전체가 구성되고 예각으로 된 삼각형의 선이 더해져 깊이와 미묘함이 느껴진다. 대표작으로 서강대 본관, 주한 프랑스 대사관, 제주대학 본관, 삼일빌딩, 육군박물관, 올림픽공원의 88서울올림픽 기념탑 등이 있다.

한편 김수근(1931~1986)은 한국 현대건축 1세대들이 서구 근대건축의 도시질서와 정체성 개념을 그대로 도입하는 것에 비해 한국 전통예술에서 깊이 있는 안목을 보여 왔다. 즉 한국의 무정형적이고 자연적인 모습들에서 건축 미학을 완성해 나간 것이다. 그의 건축은 사용자가 친밀감을 느낄 수 있는 적절한 공간의 크기로 구성되어 있다. 또한 의도된 작위성으로 인간을 억압하지 않고 공간 안에서 다양한 활동과 놀이가 이뤄지도록 해 기능적인 것과는 다른 창조적인 공간을 만들어 낸다. 김수근의 이런 미학은 '사이', '멋'으로 표현된다. 대표적인 작품으로는 공간 사옥, 자유센터, 서울 잠실종합운동장 내 올림픽 주경기장, 마산 양덕성당 등이 있다.

건축물에 얽힌 에피소드

에펠탑, 파리의 흉물?

프랑스는 혁명 100주년을 기념하여 파리 박람회를 개최할 때 에펠탑을 세웠다. 새로운 건축재료인 강철의 독창적인 걸작이 될 만한 탑을 만들기 위해 프랑스 정부는 설계를 공모했고, 뜨거운 호응으로 700여 건의 응모작이 접수되었다. 하지만, 그중 만족할 만한 것은 귀스타브 에펠의 설계뿐이었다고 한다.

에펠탑은 건설 전부터 예술성과 공업성, 추함과 아름다움 사이에서 시비가 많았다. 건립계획과 설계도가 발표되었을 당시, 파리의 예술가들과 시민들은 탑 건립을 결사적으로 반대했다. 1만 5천여 개의 금속조각을 250만 개의 나사못으로 연결시킨 무게 7천 톤, 높이 320.75미터의 철골 구조물인 에펠탑을 천박하다고 여긴 것이다. 시민들은 이 거대한 철제구조물이 고풍스러운 파리의 분위기를 완전히 망쳐놓을 것이라고 생각했다.

시민들의 반발이 너무 거세지자 프랑스 정부는 20년 후에 탑을 철거하기로 약속하고 건설을 강행했다. 드디어 1887년 1월 28일 파리 시민들의 반대에도 불구하고 에펠탑 건설을 위한 첫 공사가 시작되었다. 에펠은 기중기를 이용해 대량의 자재를 불과 25개월 만에 조립하여 완성시켰다. 한 치의 오차도, 또 한 건의 하자도 발생하지 않았다.

탑이 세워진 후에도 반발은 잦아들지 않았다. 시인 베들렌은 흉측한 에펠탑이 보기 싫다면서 에펠탑 근처에는 가지도 않았고, 모파상은 자신의 동상이 에펠탑을 보지 못하게 등을 돌려 세워놓기까지 했다. 또한 에펠탑 철거를 위한 '300인 선언'이 발표되기도 했다. 약속된 20년이 되자 다시 철거 논의가 거세졌다.

그러나 결국 전 세계 관광객들과 에펠탑에 설치해 놓은 무선시설 때문에 에펠탑은 존치하게 되었다.

그로부터 100여 년이 지난 지금, 에펠탑을 천박한 흉물로 여기는 사람들은 아무도 없다. 오히려 가장 자랑스럽게 생각하는 파리의 명소가 되었다. 파리 시민들의 인식이 왜 이렇게 달라졌을까? 탑의 장대한 높이 때문에 그들은 좋든 싫든 눈만 뜨면 에펠탑을 봐야 했다. 그러면서 그 탑에 차츰 정이 들기 시작했고, 에펠탑을 찾는 관광객들이 늘어나면서 파리의 명소 1위로 꼽히게 된 것이다. 이를 빗대어 단지 자주 보는 것만으로 호감이 증가하는 현상을 우리는 '에펠탑 효과'라고 한다.

시드니 오페라 하우스, 건축 그 이상의 건축물

시드니는 물론이고 호주를 대표하는 건축물이 되어버린 시드니 오페라 하우스는 가장 많은 여행객이 찾는 장소 중 하나이다. 모

든 유명 건축물이 그렇겠지만 시드니 오페라 하우스만큼 에피소드가 많은 건축물도 없다.

시드니 오페라 하우스가 너무 유명해서 많은 사람들은 호주의 수도를 시드니로 오해하곤 한다. 호주의 수도는 멜버른이었는데, 1901년에 창설된 연방정부가 새로운 수도로의 이전을 계획했다. 이에 시드니와 멜버른이 치열한 경쟁을 보였는데 결국 두 도시의 중간지역인 캔버라가 뜻하지 않게 1909년에 수도로 지정되는 행운을 얻었다. 캔버라의 양옆에 있는 시드니와 멜버른 두 도시는 마치 우리나라의 지역감정 이상으로 극단적 대립을 하기 일쑤였다. 시드니와 멜버른은 도시 분위기만큼이나 시민들의 사고방식, 가치관 또한 큰 차이를 보였다. 이후 두 도시는 1956년 올림픽 개최를 희망하고 나섰는데 결국 멜버른이 개최지로 선정되었다.

고배를 마신 시드니는 자존심 회복을 위해 야심찬 계획을 했고, 그런 배경 하에 생겨난 것이 바로 시드니 오페라 하우스이다.

시드니 오페라 하우스는 현장설계 당시와 이후 완공까지 숱한 화제와 갈등을 낳았다. 르 꼬르뷔제를 비롯한 프랭크 로이드 라이트, 미스 반 데어 로어, 필립 존슨 등 쟁쟁한 유명건축가들을 제치고, 무명의 덴마크 출신의 이외른 우촌의 설계안이 채택된 것 자체도 하나의 큰 이슈였다. 시공이 불가능한 설계라는 문제도 있었고 천문학적인 공사비 또한 문제가 되었다.

결국, 공사가 시작된 지 3년이 경과한 시점에서 초과한 예산과 공사기간 연장으로 건축가 이외른 우촌은 이 공사로부터 완전히 손을 떼야 하는 불형을 겪었다. 이외른 우촌은 개관식조차도 초청을 받지 못했을 뿐만 아니라 자신의 경력의 백미라고 할 수 있는 시드니 오페라 하우스를 한 번도 방문하지 않았다고 한다. 그나마 오늘날의 오페라 하우스의 모습을 유지할 수 있었던 것은 이 프로젝트 책임자와 우촌의 안을 통과시키고 완공 때까지 물심양면 도와준 심사위원들 덕분이었다. 15년에 걸쳐 1972년에 완성된 시드니 오페라 하우스는 틀림없이 우촌의 작품이라 할 수 있으며, 금세기를 대표하는 건축이 되었다.

시드니 오페라 하우스는 현대건축이 기능 이상의 것을 요구한다는 것을 증명한 작품이기도 하다. 당시로서는 일반적이지 않았던 구조기술자, 음향전문가, 무대설치 전문가 등의 조언을 받아들이고, 그들의 개별적인 작업도면이나, 설명서를 포함시킴으로써 지금은 일반화된 팀 작업의 전형을 보여준 사례로도 기록된다. 현재 이곳에서는 연간 200만 명의 관람객과 함께 약 3,000건의 이벤트가 이루어지고 있다.

건축학 미래를
상상하다

지구환경을 생각하는 친환경 건축

20세기 물질문명의 발전에 따라 도시와 건축이 급속도로 발전하여 사람들에게 쾌적한 생활환경을 가져다주었다. 하지만 도시와 건축을 중심으로 한 환경은 지구의 온난화, 생태계의 붕괴 등 지구 전체에 심각한 문제를 주고 있다. 이런 현상은 인류 전체의 생존권과 직결되어 그 심각성이 나날이 증가하고 있다.

1978년 오존층 파괴의 주범인 프레온 가스의 단계적 사용금지를 위해 서명된 몬트리올 의정서를 시작으로, 1992년 지구온실효과로 인한 기상변화의 위협에 대처하기 위해 리우환경회의가 열렸다. 이후 1994년 바젤 기후변화협약을 발효하는 등 국제적 규모의 규제 움직임이 일어났다. 이는 세계 각국이 기존에 취해오던 개발 중시 정책에서 개발과 환경을 조화시키는 정책으로 전환하였음을 의미한다. 최근 지구환경에 막대한 영향을 미치고 있는 건축과 건설 분야에서도 많은 변화가 일고 있다.

건축학 미래를
상상하다

20세기 초 기능주의 건축이 대두되면서 무분별한 개발과 건물의 해체가 반복 진행되었다. 또한 지구자원의 낭비와 도시의 산업, 건축 폐기물 증가로 인간의 거주환경은 물론 지역사회의 갈등까지 초래하게 되었다.

특히 건축 설비공학은 산업혁명 이후 비약적으로 발전하였지만 지나치게 편리성을 추구한 나머지 인간의 쾌적한 생활을 기계적인 기술로만 만들려고 하였다. 그 결과 건물의 에너지 사용량은 증가되었고, 지역환경 나아가 전체 지구환경에 악영향을 주었다고 하여도 지나친 말이 아니다.

이렇게 건축에 관련된 다양한 문제는 건축 설계과정어서부터 지구의 자원과 건물의 에너지소비를 생각하는 새로운 디자인 목표를 낳게 하였다. 최근 들어 건축을 시작할 때 주변 환경을 배려하고 도시, 건물에 필요한 자원의 낭비와 소비되는 에너지를 줄이는 친환경 건축을 생각하게 되었다.

친환경 건축의 세 가지 요소
_해체, 폐기, 재활용

건축물이 건물로서의 역할을 마친 후, 즉 수명을 다한 다음 건물의 해체, 폐기, 재활용의 방법을 생각하는 것은 중요하다. 자, 이제부터 하나하나 자세히 알아보자.

통계에 따르면 한국의 주택이나 아파트 수명은 약 25년이라 한다. 이 것은 영국에 1/3, 미국의 1/2에 지나지 않는다. 주택이나 아파트는 물론 오피스빌딩 등의 일반적인 건축물도 상황은 비슷하다. 이 숫자는 우리나라 건축계가 얼마나 빈번히 폐기와 건설을 반복(SCRAP AND BUILD)해 왔는지 여실하게 보여주고 있다. 스크랩앤드빌드는 기존의 건물을 부수고 새롭게 만드는 작업으로 도시의 재개발 기법으로도 사용된다. 일반적으로 우리나라 건축처럼 짧은 수명에서 부수고 다시 짓는 건축방식을 말한다.

건축물을 만들기 위해서 지불되는 비용과 이용되는 자원, 에너지는 전 산업 중에서도 큰 부분을 차지한다. 바꿔 말하면 건축행위는 환경

건축학 미래를
상상하다

에 대단히 큰 부담을 주는 인간 활동이다. 지금과 같이 건축물을 빈번하게 세우고 부수면 막대한 양의 천연자원과 에너지를 낭비하게 되고 이것은 결국 지구환경에 큰 부담을 주게 된다. 따라서 건설행위를 가능한 범위에서 억제하여 환경에 악영향을 적게 하는 것은 기래의 지속 가능한 사회를 구축해 가는 데 중요하다.

그러면 건설행위를 억제하면 지구 환경을 지킬 수 있을까? 그것만으로는 불충분하다.

건축물이 수명을 다하면 철거하여 폐기하지만 그 폐기행위도 건설행위와 똑같이 지구환경에 커다란 영향을 준다. 건축물을 철거할 때 나오는 폐자재를 어떻게 처리하는지에 따라서 지구의 자원과 환경이 크게 달라진다. 현재 우리나라는 건축물을 철거할 때 많은 부분을 폐기물로 처리하고 있다. 어떤 조사에 따르면 건설 폐기물은 산업 폐기물 전체에 약 20%, 최종 처분량의 약 30%를 차지한다고 한다. 이러한 건설 폐기물의 대부분이 도시 교외의 최종 폐기물 처리장으로 가게 되지만 폐기물을 처리할 수 있는 데에는 한계가 있다. 그렇다면 건설 폐기물의 양을 어떻게 줄일 수 있을까?

건설 폐기물의 양을 줄이는 방법은 크게 두 가지가 있다. 첫 번째는 재료를 적게 사용해 건축물의 건설량과 건축자재량을 줄

수명을 다한 다음 건물의 해체, 폐기, 재활용의 방법을 생각하는 것은 중요하다.

이는 것이다. 건축물의 수명이 길어지면 건설량은 줄어들고 구조방식을 변경해 사용자재량도 충분히 줄일 수 있다. 다른 하나는 폐자재 안에서 이용 가능한 물건을 다시 사용하는 것이다. 그러기 위해서는 재활용(Recycle), 재사용(Reuse)이 중요하다. 재활용과 재사용을 효율적으로 진행하기 위해서는 건축설계 단계에서 재활용, 재사용을 고려해 재료와 뼈대를 만들고, 철거할 때는 재활용, 재사용을 할 수 있도록 건물을 분리하여 철거해야 한다.

어떻게 하면 해체, 폐기, 재활용을 잘 진행할까?

설계단계에서부터 재활용을 생각해라

목조주택을 예로 들어보자. 과거에는 오래된 집을 해체하면 별도의 장소에 다시 지어 재사용하였다. 때문에 해체하기 쉬운, 재사용하기 쉬운 재료와 구조를 주로 사용하였다. 그러나 현재의 목조주택을 해체하여 재활용하려면 많은 문제점이 발생한다.

못과 철물로 이어진 접합부를 어떻게 해체하는가, 접착제와 방부제가 들어있는 건축 자재를 어떻게 재활용할 것인가 하는 것이 그 예이다. 건축물을 재활용하고 싶다면 설계 단계에서부터 재활용을 쉽게 진행할 수 있도록 건물을 설계하고 세워야 한다. 현재의 목조주택과 빌딩 등의 건물은 폐기 후에 일어날 일들을 전혀 고려하지 않았기 때문에 지금 재활용을 이야기하여도 손을 쓸 수 없는 상황이다.

다행히 재활용하기 쉬운 건물의 설계에 대한 연구가 진행되고 있다. 예를 들면 재활용하기 쉬운 재료와 접합방법, 해체하기 쉬운 재료와 구조방식에 관해 연구하고 있다. 그러나 기존의 기술과 기능, 생산 분야와의 관계 등도 생각해야 하기 때문에 그렇게 간단하지 않다. 100% 재활용 가능한 철제와 유리 등의 재료를 사용하여 새로운 건축방식을 제안하기도 하지만 어디까지 실용화하고 보급할지 지켜봐야 한다.

철거공사는 분리해체 방식으로 진행해라

재활용을 쉽게 하기 위해서는 철거공사에서 고쳐야 할 부분이 많다. 즉, 건물의

수명이 끝나서 철거할 때, 지금까지는 기계로 잘게 부숴 철거하는 기계철거 방식이 일반적이었다. 이것이 가장 싸고 빠른 방법이었기 때문이다. 그러나 지금부터는 이러한 방법을 사용하지 말아야 한다. 왜냐하면 기계철거를 하면 여러 건축자재가 파손되어 재사용이 불가능하기 때문이다. 또한 회수하여 다시 새로운 재료로 만든다고 해도 이물질이 들어가 있어 기술적으로나 비용적으로 재활용이 어렵다.

그러면 재활용을 생각해 철거하려면 어떻게 해야 할까? 가정에서 쓰레기를 분리 수거하는 것과 같이 철저하게 분리해체를 하는 것이다. 기계만으로 철거를 하면 자재의 분별이 어렵겠지만 필요한 장소나 부분에 사람의 손을 이용하여 분리해체를 한다면 재사용, 재활용이 가능한 자재를 분별할 수 있다. 다만 이러한 정리해체를 하기 위해서는, 기계철거에 비해 몇 배의 시간과 비용이 든다는 문제를 해결해야 한다. 또한 그 비용을 부담하는 사람은 건물 소유자이지만 정부에서는 비용을 보조하기 위한 제도와 적절한 계약방식을 정비할 필요가 있다. 또한 분리해체를 어떻게 진행하고, 비용을 어떻게 산출하면 좋을까 하는 분리해체의 기술적인 가이드라인을 정해야 한다.

이 외에도 해체를 할 때 주변 환경에 악영향을 주지 않는 공사 방법도 개발해야 한다. 최근에는 진동과 소음, 먼지의 발생을 억제하는 공사 방법도 등장했다.

재활용 기술과 정책을 만들어라

환경을 생각하면 반드시 재활용을 이용한 건축을 해야 한다. 이러한 재활용 건축을 지속적으로 진행하기 위해서는 여러 조건이 필요하겠지만 그중 지금부터 시행할 수 있는 조건에 대하여 살펴보겠다.

첫 번째는 여러 재료를 재활용하는 기술이 필요하다. 현재 재활용률이 적은 목재의 재자원화가 시급한 실정이고 돌, 석고보드 등 재활용이 곤란한 재료를 재자원화하는 기술을 개발해야 한다.

두 번째는 재활용의 수요에 따라 생성되는 재생자재의 유통시장을 만들 필요가 있다. 결국, 재활용의 수요가 발생하여 그것을 공급하는 시장이 생겨나는 사회 환경을 정비해야 한다. 수요도 없는 재활용 자재만 생산한다면 경제적으로 자원이 순환할 수 없다. 이러한 자원의 순환을 위해서는 이를 유도해 줄 여러 정책이 필요하다.

위와 같이 다양한 기술이나 정책으로 자원을 재활용한 후 오직 건설 폐기물만이 남아야 한다. 그 안에서도 타는 것은 열에너지로 회수하고 남은 재만을 최종 폐기물처리장으로 보낸다면 폐기물 처리장의 수명도 연장할 수 있다.

건축물의 수명을 길게 하려면
어떻게 해야 할까?

건축물을 폐기하는 원인에는 세 가지가 있다.
첫째, 건축물에서 생활하기 어려운 경우
둘째, 건축물에 손상이 있어 사용할 수 없는 경우
셋째, 건축물을 수리하는 것보다 다시 짓는 것이 경제적인 경우

최근 건축물에 손상이 없는데도 불구하고 건축물이 오래되고, 목적에 맞게 사용하기 불편하다는 이유로 20여 년 된 건축물을 철거하는 경우가 많다. 이렇게 짧은 기간에 건축물을 부수고 다시 세우는 것은 자원의 낭비이며, 건설 폐기물을 증가시켜 환경보전에 악영향을 준다. 또 최근에는 고령화 사회에 맞추어 양질의 사회 환경을 정비한다는 관점에서 건물을 오랜 기간 동안 사용하자는 움직임이 일어났다.

건축물을 오랫동안 사용하기 위해서
는 그 내용기간을 길게 해야 한다. 여
기서 내용기간이란 건축물의 수명을
말한다.

예를 들어 주택의 사용기간을 길게 하기 위
해서는 몇 세대에 걸쳐서 사용할 수 있는
주택을 만들어야 한다. 아버지, 아들, 손자
의 세대에도 사용할 수 있는 공간구성을 해

야 하며 각 세대가 어떤 가족구성을 하더라도 생활에 불편함이 없어야 한다. 따라서 적절히 넓은 바닥 면적이나 변하는 가족구성에 맞추어 개조가 가능한 주택이 필요하다. 또한 신축적인 공간구성과 더불어 건물 자체가 물리적으로 오래 갈 수 있어야 한다.

건축물의 수명을 늘리는 기본 방법은 튼튼하고 오래가는 뼈대를 만드는 것이다. 튼튼하다는 것은 뼈대가 지진이나 태풍 등 외부의 힘을 견딜 수 있어야 하고, 뼈대 자체가 부식되거나 약해지지 않는 것을 말한다. 또한 중요한 뼈대를 큰 보수나 변경 없이 사용기간 동안 안전하게 이용할 수 있어야 한다. 또한 건축물을 구성하는 마감 재료나 설비 등을 바꾸기 편리하게 만드는 것이 중요하다.

일반적으로 건축물은 마감이나 설비를 순차적으로 바꿔 건축물 전체의 사용기간을 늘린다. 건축물의 기초나 기둥, 보 등의 골조는 기본적으로 소정의 강도를 가지고 있다. 이 강도는 시간이 지남에 따라 저하되고 건축물은 수명을 다하게 된다. 따라서 골조가 벌어지거나 파손되는 단면결손과 강도저하를 막는 것이 뼈대의 수명을 늘리는 길이다.

골조의 단면결손을 막고 강도저하를 방지하기 위해서는 설계할 때 내구성이 높은 재료와 공법을 바탕으로 공사해야 한다. 건축물을 설계할 때 골조의 내용기간을 증가시키는 방법으로 재료의 성질을 개량하여 증가시키는 방법, 골재의 단면을 크게 하여 증가시키는 방법 등이 있다. 이러한 방법들은 골조의 재료가 되는 목재, 철근콘크리트, 철골에 따라 사용방법도 달라진다.

이렇게 재활용에 관심을 갖고 건물을 오래 사용하려는 근본적 이유는, 우리의 자원과 환경을 보전하고 지구환경에 부담을 적게 하여 지속 가능한 사회를 만드는 데 있다. 따라서 친환경 건

축 생산기술을 구축하고 첨단 건축기술과 친환경 건축기술을 융합한 창조적 건축환경을 만들어 가야 한다. 자원과 환경은 먼 미래의 건축문제가 아니다.

지금까지는 건축을 만드는 것을 중심으로 생각해 왔다. 그러나 지금부터는 건축의 긴 수명을 위한 유지관리와 함께 건물해체 문제를 신중히 생각할 필요가 있다. 이것은 환경과 자원의 문제이며 우리 삶의 문제이기도 한다.

환경문제와 자원순환의 여러 과제들은 결코 공학적인 기술만으로는 해결할 수 없다. 사회와의 관계에 대하여 면밀히 검토하고 경제와 법률, 혹은 사회학적인 측면에서 고찰하는 것이 필수이다.

토양과 목재에서 방부제를 빼내는 기술과 콘크리트를 적은 비용으로 재생하는 기술 등 개발, 실용화해야 하는 기술은 매우 많다. 여러분이 가까운 장래에 이러한 문제를 해결할 것으로 기대해 본다.

건축학 미래를
상상하다

건축환경과 재료로 살펴보는 건축의 미래

사회환경과 자연환경의 문제는 시시각각 변화하고 있고 이러한 흐름에 맞추어 건축도 변화하고 있다. 우리가 건축의 미래를 이야기할 때 생활과 환경의 변화를 이야기하는 것은 건축도 이러한 변화에 따라 발전해 왔기 때문이다. 또한 건축은 한 번 지어지면 몇십 년 이상을 사용하기 때문에 미래의 생활과 환경에 맞추어 계획해야 한다. 따라서 현시대의 문제와 변화를 통해서 미래 건축과 현시대의 건축이 추구해야 하는 방향을 이야기할 수 있다. 미래의 건축은 환경의 인식 변화와 건축환경 기술의 발달로 큰 변화를 맞게 될 것이다. 이러한 맥락에서 볼 때 건축환경 관련 분야의 발전은 중요한 문제이다.

최근 녹색건축(Green Architecture)과 생태건축(Ecological Architecture) 그리고 지속가능건축(Sustainable Architecture) 등이 활발히 진행되고 있다. 열 환경, 빛 환경, 음 환경 등 건축물의 물리적 환경과 에너지 설계에 주안점을 둔 80년대 건축환경 설계에서 진일보하여, 좀 더 적극적으로 자연과 지구환경 보호를 건축에 도입하려는 시도라 할 수 있다.

이런 움직임의 대표격인 녹색건축은 에너지성능, 고효율설비, 자원재활용 등을 통해 자연 친화적인 방법으로 건축을 계획한다. 이것은 지구환경의 피해를 최소화하고 건강한 생활공간을 창출하려는 건축활동으로 이러한 과정을 통해 창조된 건축물을 그린빌딩이라 한다.

시대적 요구에 따라 태동된 상황을 고려할 때 녹색건축, 지속가능건축 등은 기존의 건축환경공학의 범위가 확대된 것으로 해석하는 것이 자연스럽다. 또한 용어상의 혼선을 피하기 위해 이러한 움직임을 친환경 건축으로 구분하는 것이 바람직하다.

친환경적인 건축설계

21세기에는 기존의 건축, 도시의 환경을 보전하고 안전하고 지속 가능한 건축문화를 실현할 수 있는 건축설계가 필요하다.

최근 선진국을 중심으로 활발히 추진되고 있는 녹색건축의 정의를 통해 친환경 건축을 위한 설계방법에 대해 살펴보자. 친환경 건축을 위해서는 건축공사나 해체공사 중에 생기는 콘크리트 조각이나 합판 등의 폐자재를 줄이는 것(Reduce)과 재사용(Reuse), 나아가 폐자재의 재활용(Recycle)을 생각하는 설계를 해야 한다. 건물이 일생 동안 배출하는 폐기물을 줄이고 해체 후에도 유용하게 이용하는 것을 자원의 순환이용이라 한다.

우리나라의 경우 아직 친환경 재활용 재료의 개발과 제도가 미비한

실정이나 우리의 현실과 세계적인 동
향을 고려할 때 시급히 실천해야 할 분야
이다.

쾌적한 환경을 만들기 위해 사용하는 석
유, 가스 등의 화석에너지에는 한계가 있다.
이것들은 대기오염과 지구온난화의 원인이

기도 한다. 때문에 자연에너지인 태양열, 자연광, 풍력 등의 친환경 에
너지를 건축에 이용하여 화석에너지 사용을 줄이고 에너지를 고려한
건축설계를 해야 한다. 현재 자연에너지를 이용한 대표적인 예로는
태양열 건축이 있다.

우리나라는 지금까지 건축물을 세웠다 부수는 것을 반복했다. 이런
방식은 폐자재를 증가시키고 환경부하를 줄이는 것을 불가능하게 한
다. 수명이 긴 건축물을 세운다는 것은 그만큼 친환경적인 건축을 한
다고 할 수 있다.

최근 건축물은 창과 문의 기밀성이 높아 실내의 공기순환이 잘 이루
어지지 않아 환기 부족이나 새로운 건축자재로 인한 공기 오염물질
발생으로 건강장애가 문제되고 있다. 실내의 공기 질과 수질의 위생
관리에 주의를 기울여 상대적으로 건강에 약한 어린아이나 노약자를
배려한 건축설계를 하는 것도 고령화 시대에 대처하는 방법이다.

이 외에도 자연지반의 녹지를 충분히 확보하려는 움직임과 빗물의 이
용방안이 진행되고 있다.

친환경 재료 출연

지금까지 건축재료는 도시의 고밀도화, 생산의 효율화 등으로 대규모 건축을 가능하게 하였다. 대도시에 난립한 고층건물, 도시와 지방각지에 건설되어 있는 공장 등 대부분의 건축물은 콘크리트와 강재를 이용했다.

가공성과 생산성이 뛰어난 플라스틱, 접합 작업에 용이한 접착제의 출현 등 뛰어난 성능을 지닌 재료가 발명되고 있다. 따라서 인류는 욕구와 필요에 따라 다양한 구축기술로 건물을 세울 수 있었다.

그러나 새로운 재료가 무조건 환영받던 시대는 오래 가지 못했다. 건축물의 폐기와 건설을 반복하면서 지구환경은 계속 악화되었다. 또한 석면과 포름알데히드 등의 일부 재료가 인간에게 주는 악영향 등도 걱정하게 되었다. 이런 시대의 흐름 안에서 건축재료를 둘러싸고 건축계는 급격히 변화해 갔다. 이것은 제조, 사용, 폐기 단계에서 환경과 인체에 부담이 적고 건물을 폐기한 후에도 재활용 가능한 재료가 필요한 시대에 들어왔다는 것을 말한다. 21세기에는 기존 재료를 더욱 고도화, 다양화시키면서 자원, 환경을 생각하는 재료를 개발해 나가야 한다.

도시에 인구와 산업이 집중하면서 지하는 물론 더욱 고층화된 건축물이 필요하게 되었다. 또한 토지가 한정된 몇몇 나라에서는 해안 혹은

해양에서의 건축이 불가피한 상황이 되었다. 앞으로 건축재료는 기존의 건축재료보다 강도, 내구성, 생산성을 한층 고도화시켜야 한다. 현재 고강도 콘크리트와 고강도 강재, 고강도 알루미늄 등을 개발하고 실용화하고 있다.

또한 건축물의 비용을 절감해야 한다. 비용은 재료를 다기능화시켜 여러 재료를 조합하여 만들던 부분을 단일재료로 구성하여 현장작업의 비용을 낮출 수 있게 되었다.

한편 재사용, 재활용이 편리한 재료의 개발이 중요한 과제르 떠오르고 있고, 각국에서도 연구개발을 활발히 진행하고 있다. 이러한 성능을 지닌 재료를 총칭하여 친환경재료(eco-material)라고 부른다.

건축공간 안에서 안전하고 쾌적한 생활을 하기 위해 건축은 다양한 재료를 만들어 왔다. 시대의 변화에 따라 재료에 필요한 성능도 다양해졌기 때문이다. 앞으로 자연환경, 건강 등에 비중을 둔 새로운 건축재료가 생겨나야 한다. 또한 새로운 건축재료의 선탁과 건축품질을 확보하기 위한 재료 사용법의 개발이 필요하다.

하늘을 닮는 건물, 초고층 건축

하늘을 향해 높이 치솟아 있는 초고층 빌딩을 마천루(Skyscraper)라고 한다. 직역을 하면 하늘을 닮는 건물이란 뜻으로 하늘을 향한 인간의 건축적 욕망을 표현한 단어이다. 이것은 1885년 미국 시카고에서 처음 사용되었다. 1871년 시카고 지역의 대화재로 대부분의 건물이 재로 변했고, 이 화재로 보존할 가치가 있는 역사적 건물이 모두 사라져 버렸다. 새로 지어진 건물은 전통보다는 높이를 자랑했고 '1센티미터라도 더 높게'는 시카고 건축가와 건축주의 욕망이었다. 도시에 인구와 산업이 집중하면서 좁은 면적과 높은 땅값으로 인해 자연스럽게 높은 건물들이 생겨나기 시작했다.

지금도 각국의 초고층 건축에 대한 야심 찬 높이 경쟁은 꾸준히 진행되고 있다. 현존하는 세계 최고층 빌딩은 삼성건설에서 공사한 UAE의 부르즈 칼리파 타워(162층, 828미터)로 타이페이 101빌딩(101층, 508미터)을 누르고 세계 최고 높이 건물로 등극하였다.

건축학 미래를
상상하다

선진 국가들의 초고층 건축물에 대한 관심은 비단 높이 경쟁을 통한 상징적 이미지 확보에만 있는 것이 아니다. 21세기 도시가 직면한 도시과밀과 환경문제를 해결하기 위한 새로운 방안으로 생각하고 있는 것이다. 현대 도시는 지상공간의 무분별한 개발로 인하여 자연과 거주환경이 황폐화되었다. 이러한 도시의 과밀화, 교통, 환경문제를 해소하기 위한 대안으로 초고층 건축이 필요한 것이다. 초고층 건축은 도시의 랜드마크로서 상징성을 가지며 도시의 이미지에 크게 기

여한다. 또한 토지이용의 극대화로 환경에 기여하고, 첨단 공학기술의 발전, 관광자원화 등의 효과를 기대할 수 있다. 하지만 이 같은 긍정적인 효과를 기대하기 위해서는 건축 분야는 물론 사회적, 환경적, 법적인 부작용이나 문제점들에 대한 철저한 대책이 필요하다. 지금부터 초고층 건축에서 대두되는 문제점에 대해 살펴보자.

초고층 건축의 문제점

① 환경문제

건축물의 수명이 다해 건물을 해체하거나 철거할 때를 대비해 건축적 해결방법이 필요하다. 실제 도심에서 100~200층짜리 건물을 해체할 때 작업공간이 부족해 안전과 환경에 심각한 문제를 초래할 수 있다.

따라서 재활용과 폐기물처리에 관한 대책도 필요하다. 결국 초고층 건축물이 수명을 다할 경우 자칫 흉물로 방치되어 제2의 안전, 환경문제를 불러올 수 있다.

② 안전과 쾌적

고층에서 거주하는 사람일수록 발병률이 높다는 연구결과가 있다. 어린이나 노약자의 외부출입이 적은 데서 오는 운동부족을 원인으로 들 수 있다. 이런 초고층 건물에 근무하거나 거주하는 입주자들의 건강 등에 대해서도 별도의 기준을 마련해야 한다. 또한 화재발생 시 방재와 비상대피에 대한 법적장치와 대비도 필요하다.

③ 경제성

초고층 건축물은 건물 자체만으로도 거대한 도시역할을 하기 때문에 교통문제는 물론 자칫 주변 상권의 슬럼화를 초래할 수도 있다. 또한 초고층 건물은 유지, 관리의 측면에서도 에너지 사용이 대단하다. 따라서 민간기업이나 공공 기관에서 막대한 자금을 쏟아 붓는 데 비해 돌아오는 경제적 가치는 얼마나 되는지도 면밀히 살펴봐야 한다. 우리나라는 건축 계획적인 측면에 서 초고층 건축에 대한 제도적 기

건축학 미래를
상상하다

반이 제대로 갖춰지지 않았다. 초고층 건축물은 도시적 차원은 물론 건축과정이나 환경, 안전 등 여러 부문에서 다른 건축물과 분명히 큰 차이가 있고 기존의 건축 관련 법령에서는 이를 충분히 담아낼 수 있어야 한다.

미래의 초고층 건축

이런 문제점을 해결하기 위해서는 새로운 개념의 초고층 건축이 필요하다. 초고층 건축물이 도시기능과 환경, 사회에 미치는 영향력은 어느 건물과도 비교하기 어렵다. 따라서 초고층 건축둘은 도시와 지역을 아우를 수 있는 도시건축으로 이해해야 한다. 또한 상징적인 측면과 함께 도시기능과 사회문화적인 역할을 충분히 발휘할 수 있도록 충분히 검토하고, 계획해야 한다.

먼저, 초고층 건축물은 수직적 확장의 형태를 제안해 도시의 상징성과 토지의 효율성을 높이는 긍정적 효과를 가지고 있다. 주변과 조화를 이루며 시민의 자유로운 접근이 가능하도록 개방하고 그에 따른 편의를 제공하여 인간중심의 도시공간을 만들어야 한다. 그래야만 복잡한 도시환경의 문제를 해결하고 도시의 랜드마크로서 상징성을 확보해 건설기술의 발전이라는 긍정적 기능을 십분 발휘하게 될 것이다.

또한, 초고층 건축은 인구문제, 식량문제, 자원 에너지 문제 등의 제반 문제를 합리적으로 해결하는 방법이다.

최근 우리나라에서도 첨단 건축기술을 이용한 친환경 초고층 건축을 구축하기 위한 연구가 활발하다. 이러한 연구를 통해서 초고층 건축의 일반적인 문제뿐만 아니라 친환경 측면에서 새로운 초고층 건축의 개념을 만들어 내고 있다.

친환경 초고층 건축

도시의 한정된 면적에도 불구하고 인구와 산업 그리고 교통량은 계속해서 증가하고 있다. 초고층 건축은 자연대지의 이용을 최대한 줄이면서 수직적인 공간을 최대한 활용하여 현재보다 자연 대지를 더욱 늘릴 수 있다. 이처럼 초고층 건축물은 지하공간과 공중공간을 이용함으로써 절약된 지상공간을 공공에 서비스한다. 즉 지상공간을 녹지나 공원화할 수 있다. 도시 중심지역의 초고층 건축물은 도시의 수평적 확장을 방지함으로써 도시 주변의 자연환경을 보호하는 데 기여한다. 또한 지상공간에 제공되는 녹지나 공원은 도시에 개방감을 줄 수 있다.

이처럼 초고층 건축은 토지의 효율성을 높이고, 복합 기능을 갖추어 교통량을 줄여준다. 궁극적으로 화석에너지 사용을 줄여 CO_2 발생 저감 등 쾌적한 환경을 유도한다. 이처럼 초고층은 상징성이나 효율성 측면 이외에도 친환경적인 역할을 한다. 따라서 초고층 건축은 황폐해진 도심환경복구, 교통문제 해결 등의 도시환경문제를 해결할 친환경적 해결 방안인 셈이다.

미래의 건설산업

초고층 건축은 기술집약형 미래 건설산업이다. 미국, 일본 등 OECD 국가들은 첨단 과학기술, 공학기술 수준을 평가할 수 있는 국가 전략 상품으로 개발하여 초고층 건설기술 시장을 석권하고 있다. 이는 초고층 건축을 토지이용의 극대화, 건설경기 부양, 그리고 관광명소 등 여러 가지 경제성을 고취시키는 부가가치 상품으로 인식하기 때문이다. 100층짜리 건물의 건설비용이 약 5억 달러이며 우리 기업의 연간 해외건설 수주액이 2003년 약 36억 달러, 2004년 약 60억 달러인 점에서 알 수 있듯이 초고층 건축물 건립은 경제적 파급효과가 매우 크다. 따라서 미래의 국가 경쟁력 차원에서도 핵심 전략산업으로서 접근할 필요가 있다. 또한 지금까지 도시는 토지를 개발, 확장하여 도로 등으로 연결하는 2차원 개념이었다. 이처럼 확대되는 도시를 연결하는 것은 자원 낭비라 볼 수도 있다. 따라서 수직형 도시를 설립하면 토지의 이용 이외에도 도시기반 정비를 막대하게 줄일 수 있다.

미래의 하이퍼(Hyper building) 빌딩

미래 도시에는 극초고층으로 불리는 수직적인 입체도시의 개발이 예상된다. 이러한 수직적인 신공간은 하이퍼 빌딩에서 찾아볼 수가 있다. 지구상의 인구는 의학기술과 사회복지 환경의 발전으로 더욱 증가했다. 특히 현대 도시는 늘어나는 거주 인구를 수용하기 위하여 더 많은 공간을 확보해야 하는 상황이다. 이처럼 미래의 부족한 거주공간을 위하여 지하공간과 수중공간에 대한 개발이 진행되고 있다. 또한 건축가 파울로 솔레리나 등 도시공간 연구자들은 하이퍼 빌딩은 수직 거주 공간으로의 변환을 추구한다며 그에 따른 축을 제안하고 있다.

이들에 따르면 저층의 저밀도 분산에 따른 전통적인 배치로는 건축물과 자연환경의 공존을 실현하기 어렵다고 한다. 즉 수평으로 광범위하게 배치된 건축물로 오히려 자연의 생태계가 침식되고 건축물 간의 거리가 멀어져 사람과 물류의 이동이 늘어나 결국 에너지를 과도하게 낭비한다고 지적한다.

이러한 문제점을 해결하기 위하여 수직공간의 확보가 필수적이다. 앞으로 기존의 평면도시의 다양한 공간이 수직으로 집적된 입체도시 공간으로 변환해야 한다.

이러한 하이퍼 빌딩은 9·11 테러 이후 강조된 초고층 건물 고층부의 방재 안전대책을 저층부와 동등한 수준으로 확보해야 한다는 명제에도 부합한다. 이것은 각 빌딩 유닛(건물단위)을 연결하는 교통 통로들은 화재나 테러 등으로 인한 방재 상황에서 충분한 피난통로 역할을 할 수가 있다. 프리덤 타워와 세계무역센터 재건축 안들은 초고층 건물의 고층부에서 인접건물 간의 연결통로를 두는

계획과 유사한 해결 방법이다.

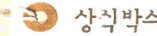
상식박스

세계에서 가장 높은 건축물, 부르즈 칼리파

세계 최고의 건물인 부르츠 칼리파는 162층으로 높이는 828미터로 이전까지 세계 최고층 빌딩인 대만의 '타이페이 101'의 높이(508미터)보다 높다. 칼리파는 UAE 대통령의 이름에서 따온 것이며, 부르즈는 아랍어로 '탑'이라는 뜻의 부르즈 칼리파는 현대 건축기술의 집약체라 할 수 있다.

부르즈 칼리파는 연면적은 약 15만 평으로서 63빌딩의 높이나 면적에서 3배의 규모이다. 부르즈 칼리파는 총 공사비가 15억 달러이며, 2009년 10월 완공하여 2010년 1월 4일 개장하였다.

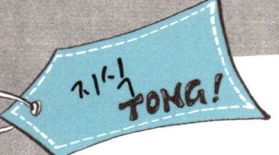

최고를 향한 우리나라의 건설기술

삼성건설이 세계 최고층 빌딩을 잇따라 건설하며 초고층 건물 분야에서 세계 최강의 건설사로 자리매김하고 있다. 삼성건설은 세계에서 가장 높은 빌딩인 두바이의 부르즈 칼리파(162층 · 828미터 이상)를 비롯해 전 세계 초고층 건물(50층 이상, 200미터 이상) 404개 중 7개를 시공했다. 특히 부르즈 칼리파, 말레이시아의 페트로나스 트윈타워 등 세계적인 마천루를 지어 해외에서도 초고층 빌딩 부문에서 삼성건설을 손꼽을 정도다.

지난 2004년 말, 삼성물산 건설부문이 세계 최고층인 부르즈 칼리파 공사를 한다고 할 때만 해도 제대로 해낼 수 있을지 염려하는 사람들이 많았다. 500미터 이상의 건물은 이론적으로만 가능한 높이였던 것이다. 게다가 당시 삼성건설이 지은 최고 높이는 말레이시아 KLCC빌딩인 452미터가 최고였기 때문이다.

그러나 삼성건설은 자체 개발한 기술력으로 난관을 극복해 갔다. 삼성건설은 부르즈 칼리파에 유압으로 거푸집 형틀을 밀어 올리는 기술, 580미터까지 콘크리트를 압송하는 기술, 고강도 콘크리트를 만드는 기술, 타워크레인 설치 기술 등을 새롭게 적용해 3일마다 1층씩 올릴 수 있게 되었다. 사흘에 한 층씩 올리는 기술은 부르즈 칼리파에 처음으로 적용하고 있는데, 기술개발과 현장관리 등이 치밀하지 않으면 불가능한 일이다. 또한 위

성지리정보시스템(GPS)을 이용한 관리 등 최첨단 건축 기술력을 자체 개발해 사람들을 놀라게 했다.

하지만 간과해서는 안 되는 것이 있다. 어디까지나 삼성건설은 시공만을 담당하고 있다는 것이다. 건설 시장에서 고부가 가치 영역에 속하는 시행 및 설계는 미국의 회사에서 진행하였다. 건축의 꽃이라 할 수 있는 건축 설계기술과 더불어 관련 건설기술의 균형적인 발전이 이루어질 때 우리나라 건설기술이 진정 세계적으로 인정받을 수 있을 것이다.

건축의 노벨상 프리츠커 건축상

프리츠커 건축상은 건축예술을 통해 인류와 환경에 공헌을 한 건축가에게 수여되는 상이다. 건축의 가장 권위 있는 상으로 '건축의 노벨상'이라고 불린다. 이 상은 1979년에 제정되었는데, 시카고에 본부를 둔 국제적 사업가인 '프리츠커'에서 그 이름을 따왔다. 미국의 세계적인 호텔 하얏트 재단의 이사장이기도 한 그는 오랫동안 교육, 종교, 사회 복지, 과학, 의학 등의 문화적 활동에 힘써왔다.

그는 프리츠커 건축상을 제정하는 이유에 대하여 이렇게 말했다. "시카고의 건축은 우리들에게 건축예술에 대한 지식을 주었고, 호텔을 디자인하고 건설하는 일을 통해 건축가들이 인간의 행동을 결정할 수 있다는 것을 알게 되었다. 그래서 1978년에 살아있는 건축가들에게 영예를 주고자 하는 생각을 하게 되었다."

프리츠커는 이 건축상이 건축가들에게 더욱 큰 창조적인 영감을 주는 의미있는 상이 될 것이라고 믿었다.

프리츠커 건축상의 수상자는 10만 달러의 상금과 표창장 그리고 청동 메달을 받게 된다. 후보 선출방법은 국제 심사위원들에 의한 비밀 투표에 의해 선정된다. 2012년 현재까지 35명의 수상자가 탄생했는데 아직까지 국내 건축가는 없다. 공식 홈페이지는 www.pritzkerprize.com이다. 이곳에서 역대 수상자와 그들의 빛나는 작품을 만나볼 수 있다.

건축학 미래를
상상하다

1. 건축에의 꿈을 키워준 플라스틱 모형

2. 나의 감격스런 첫 작품 – 카이스트 정문과 수위실!

3. 일본에서 새로운 건축의 세계를 배우다

4. 자신만의 철학을 갖자!

마 교수님의
학문 이야기

건축에의 꿈을 키워준
플라스틱 모형

나는 자그마한 건설업을 하는 집안의 막내로 강남이라고 불리는 곳에서 태어났다. 지금은 신문 지상에 매일 오르내리는 지역이지만 당시는 행정구역상 서울도 아니었고 지금처럼 건물이 많지도 않았다. 오히려 여기저기 집을 짓기 위한 택지개발을 하느라 덤프트럭과 포크레인이 땅을 헤집고 다니는 광경을 매일 봤다. 도로는 신작로로 넓게 뚫려 있었지만 그마저도 포장이 되어 있지 않아 비라도 오면 난리 법석이었다.

초등학교 때부터 한강 넘어 학교를 다녀야 했던 나는 만원버스 때문에 내리는 정거장을 지나치기 일쑤였다. 그야말로 버스안내양이 짐짝처럼 사람들을 밀어 넣고 '오라이' 하고 큰소리 치면 냅다 버스가 달리던 시기였다. 학교 앞 정류장이라도 지나치면 일부러 세운상가나 청계천에서 내리곤 했다. 그곳에서 사람 구경 하는 것과 신기한 물건을 보는 것도 재미있었지만 신제품의 플라스틱 모형을 이리저리 구경

마 교수님의
학문 이야기

할 수 있었기 때문이다.

그 당시 내가 혼신을 다해 열심히 했던 것은 플라스틱 모형을 만드는 것이었다. 덕분에 학교에서 나는 플라스틱 모형의 명수로 통했다. 일본말로 되어 있는 설명서일지라도 조립 도면만을 보고 거침없이 만들어 냈으니 그렇게 불릴 만도 했다. 당시에 내 책상서랍에는 연필 대신 핀셋, 본드, 드라이버, 칼, 플라스틱 조각 등이 들어 있었던 것 같다. 도면을 보며 모형을 조립하고 만들면서 내 안에서 건축의 씨앗이 자라고 있었는지도 모르겠다.

나만의 만들기 기술을 보여주기 위해 회심의 역작을 준비했다.

중학교에 진학하면서 나의 취미 역시 진화했다. 조립하고 만들기만 하는 것에서 끝나는 것이 아니라 직접 생활에 이용 가능한 전기, 전자 제품에 눈을 돌리기 시작한 것이다. 당시에 만들었던 것이 알람시계, 도난 방지장치, 라디오, 스피커 등이었던 것 같다.

중학교에서 배우는 기술이라는 과목이 매일 두드리고 부수는 내 취미에 명분을 주기 충분했다. 특히 제도나 전기, 자동차에 관련된 부분은 너무나도 재미있었고 나의 호기심을 자극했다. 가족들에게 야단도 많이 맞았다. 집에 있는 라디오는 물론 당시에는 전축이라고 하던 오디오, 선풍기 등을 분해, 조립하기를 반복했는데, 매번 성공하는 것이 아니라 고장을 내기도 했기 때문이다. 내 손에 일단 들어가면 고장 아니면 반 불구의 전기제품이 되어 나왔고, 110볼트의 전기도 여러 번 먹었던 기억이 새롭다. 아마 그때까지 나는 전기나 전자를 전공으로 하는 발명가가 꿈이 아니었나 생각된다.

만들기에 대한 열정은 고등학교까지 이어졌다. 남들이 "태종태세문단세……"라든가 "나랏말싸미 듕귁에 달아……"를 외울 때 나는 "검갈빨오노녹파보회백"을 중얼거리며 세운상가, 청계천, 중앙시장을 어슬렁거렸다. 전기, 전자제품을 만들기 위해 저항을 계산하는 색상의 순서가 나에게는 더 중요했기 때문이다. 그리고 그때 한발 앞선 나만의 만들기 기술을 보여주기 위해 회심의 역작을 준비했다.

친구들이 그 유명한 수학의 정석을 끝내고도 모자라 일본 수학문제를 구입하여 미친 듯이 입시공부를 하던 고2 겨울방학 때였다. 나는 파워 높은 오디오 앰프를 만들려고 일본서적을 구입하여 제작계획을 세우고 그 비용을 아버지께 청구했다가 회생 불능의 벌을 받게 되었다. 아버지는 형님의 건설회사에서 잡일을 해 그 비용을 마련하라고 하셨다. 형님의 사무실에서 나는 처음으로 건축모형을 만나게 된다. 당시로는 꽤 높은 12층짜리 오피스빌딩의 모형이었고 그 건물은 지금도 강남역 언저리에 서있다. 건물을 만드는 데 도면이 필요한 줄은 알았지만 모형까지 그렇게 삼삼하게 만든다는 것은 처음 알았다. 만들기의 명수인 나는 막연하지만 멋진 건물의 모형을 만들어 보겠다는 생각과 함께 건설현장에 투입됐다.

태어나서 처음 해보는 육체 노동은 정말 지옥과도 같았다. 트럭에서 시멘트 내리기, 벽돌 나르기, 철근 나르기, 현장청소가 내 업무였는데

점심시간도 되기 전에 하늘이 노랗게 변하는 경험을 했다. 아버지와 약속한 기간이 2주였는데 하루 만에 포기하고 싶은 마음이 굴뚝같았다. 하지만 앰프가 눈에 아른거려 포기할 수 없었다. 결국 나는 1주일 만에 약속을 지키지 못하고 드러눕고 말았다. 온몸의 멍도 멍이지만 바닥난 체력에 몸살감기로 움직일 수가 없었다. 급기야 약속을 지키지 못했으니 돈은 받을 수도 없었고 나의 회심의 역작은 종이로만 남게 되었다.

나의 감격스런 첫 작품
-카이스트 정문과 수위실!

전기공학과나 전자공학과를 희망했던 나는 결국 건축과를 지망했다. 아마도 건설회사 사무실에서 처음 만난 건축모형이 또 다른 만들기에 대한 나의 호기심을 자극했기 때문이었던 것 같다.

전공수업 중에서도 설계수업이 가장 흥미로웠다. 아마, 이때 읽었던 책이 지오 폰티의 〈건축예찬〉이었다고 생각한다. 이 책은 첫 장부터 성서의 한 구절처럼 '건축을 사랑하라' 라고 외치며 건축의 꿈에 대하여 주문하고 '건축가들은 건축에 매혹되고 그 후 그 건축은 우리를 매혹시킨다' 라며 건축의 매혹에 대하여 이야기했다. 밤새워 설계를 하고 도면을 그리고 모형을 만들면서 육체적으로 힘들기도 했지만, 점점 건축의 매력에 빠져 들어가는 나를 발견할 수 있었다.

3학년 때는 교수님의 소개로 규모가 제법 큰 설계사무실에서 아르바이트를 하게 되었다. 그곳에서 만난 분은 미국의 케빈 로쉬 사무실에서 디자이너로 계셨던 민병훈 소장님이신데, 나에게 건축디자인에 있

마 교수님의
학문 이야기

어서 모형의 중요성에 대하여 알려주신 분이다. 나는 모형을 사물의 축소된 형태로만 이해하고 있었는데 그분은 모형으로 너무나 많은 것을 보고 있었다. 모형을 통해 설계내용을 검토하고 디자인을 발전시키며, 팀원들에게 자신의 디자인 의도를 알기 쉽게 표현했다. 학교에서도 비슷한 과정을 경험한 적은 있었지만 시간에 쫓겨 제출하기에 급급했던 것과는 달리 모형의 중요성을 처음 알게 되었던 시기이다. 학교를 졸업할 때까지 2년 동안 민 소장님 밑에서 한전기술 연구소, 단국대 병원 등의 프로젝트에서 모형을 제작하며 건축디자인에 눈을 떠갔다.

1989년에 대학교를 졸업하고, 2년간 아르바이트를 하던 설계사무소에 입사했다. 하지만 사무실에서의 일은 민소장님 밑에서 모형을 만들며 디자인을 배울 때와는 전혀 달랐다. 3개월의 견습기간 동안에는 선 긋기 연습, 글씨 연습, 청사진 굽기, 복사하기가 내 일의 전부였다. 사실 학교에서의 건축수업으로는 당장 실무에 도움이 되지 못한다는 것은 익히 알고 있었지만 이 정도일지는 몰랐다. 정식 직원이 된 후에도 이 프로젝트 저 프로젝트의 도면을 수정하는 것이 전부였고 디자인을 한다는 것은 먼 나라의 일처럼 느껴졌다.

1년 반 정도의 실무경험을 했을 때 어느 날 소장님이 카이스트의 정문과 수위실, 담장 등을 계획해 보라고 하셨다. 규모가 작아 맘에는 안 들었지만 처음으로 내가 디자인을 한다는 생각에 몸 둘 바를 몰랐다. 며칠 밤낮을 새면서 자료를 수집하고 계획해 모형도 만들었다. 소장님과 함께 카이스트에서 브리핑도 하고 보고서도 만들면서 희희낙락하였지만 곧 어려움에 봉착하게 되었다. 아무리 작은 건물일지라도 전기, 설비, 토목, 조경 등의 협의가 필요한 법. 협의 과정에서 많은 디자인 변경을 할 수밖에 없었다. 또한 디테일 도면을 제대로 그릴 줄 모르니 나의 의도대로 현장에서 시공이 가능할지조차 모른다고 했다. 도면납품 시기는 임박하고 디자인은 다시 해야 하니 난감할 지경이었다. 결국 다시 디자인을 하여 팀원들의 도움으로 도면을 완성해 공사가 진행되었다.

지금의 카이스트 정문과 수위실, 담장이 나의 첫 프로젝트이다. 단지 껍데기만 디자인하는 것이 건축이 아니라는 큰 교훈을 얻었다. 이후 몇 년간 나는 디자인에 '디' 자도 입 밖에 내기 싫었고 내공을 키우는 데 주력하였다.

마 교수님의
학문 이야기

일본에서 새로운
건축의 세계를 배우다

3년 반 만에 이런저런 이유로 사무실을 그만두고 일본 교토대학에서 유학을 하고 있는 후배와 함께 일본건축여행을 할 기회가 생겼다. 항공우주연구소 프로젝트를 진행하면서 일본을 답사했던 이후로는 처음이었다. 동경, 오사카, 교토, 구마모토 등의 건축물을 찾아다니며 답사를 했다.

한국의 건축물도 마찬가지이지만 잡지에서나 볼 수 있었던 건축물을 실제로 보고, 느끼고, 경험한다는 것은 매력적인 여성을 만나는 것보다도 더욱 나를 흥분시켰다. 특히 내가 커다란 매력을 갖고 있던 건축가인 마키 후미히코의 건축만큼은 더욱 그랬다.

동경 시부야에 있는 동경체육관의 독특한 지붕의 형태, 미나토에 있는 테피아라는 건물의 반짝거리는 외피와 날렵하게 빠져나온 차양, 투명한 유리창을 통해 보이는 계단에서의 사람들이 움직임. 이 외에도 후지사와의 게이오 대학의 공간구성 등은 내가 처음 경험하는 건축이었다. 작은 규모이지만 여러 용도의 건물이 산재해 있는 마키의 대표작 중 하나인 시부야의 힐사이드 테라스에서는 오랫동안 이리저리 왔다 갔다 하면서 공간을 체험하는 재미가 얼마나 컸던지 지금도 기억이 생생하다. 시간의 제약으로 자세히 많은 건물을 경험할 수는 없었지만 돌아오는 비행기 안에서 유학을 가야겠다는 마음이 생기게 만들었던 여행이었다.

1년간의 어학 과정을 거치고 들어간 동경대학교는 한국의 대학과는 많이 달랐다. 학생들도 그렇지만 교수들은 상당히 연구 지향적이고, 원칙적이었다. 동경대학이 있는 혼고 도오리도 우리 대학 주변의 모습과는 달리 책방, 식당 등 몇몇 상가밖에 없는 매우 조용하고 안정된 분위기였다. 연구실에는 석, 박사 과정 모두 합쳐 12명 정도인데 그중 유학생이 5명이었다. 미국, 스페인, 프랑스, 중국에서 온 학생들이었다. 연구실에서 교수와 조수 선생을 제외하고는 내가 나이가 제일 많았다.

일본 학생들은 굉장히 개인적이어서 유학생들과는 그다지 잘 섞이지는 못했지만 개개인적으로 만나면 나이답지 않게 깊이가 있었다. 그들의 독서량은 대단히 많았다. 특히 건축에 있어서는 사상과 역사, 문화에 대한 탐구력이 높았고 자부심 또한 대단했다. 최근 한국은 이공계대학을 기피하고 건축과 대학원은 학생들이 부족하다고 하는데, 대학원을 들어오기 위해 동경대학 학부생들은 재수, 삼수를 하니 자부심을 갖는 것도 당연하다. 수업 이외에 연구실에서는 작은 세미나와

마 교수님의
학문 이야기

국제 학생 공모설계 등을 자주 진행했다. 자기 주장을 잘 이야기하지 않는 일본인들의 특성과 다르게 자유 토론이나 설계회의 때 곧잘 자기 주장을 펴기도 했다. 연구주제 발표나 설계스튜디오에서 나는 한국 대학교에서 경험한 것 이상으로 비평당하고 깨졌다. 언어의 문제도 있었겠지만 언어가 별로 필요 없는 설계에서도 마찬가지다. 대학 졸업 후 몇 년간 실무를 했기 때문이었는지 나는 기술적 측면과 실현 가능성을 우선으로 디자인했던 터라 아이디어의 한계가 느껴졌다. 한번 굳어진 머리가 다

'경계＝건축'이라는 생각으로 지금까지 설계를 하고 있다. 건물은 항상 도시와 만나게 되고, 그 경계에는 건축물의 외피, 사람, 도로, 녹지(자연) 등이 존재하게 된다.

시 말랑말랑하게 되는 데는 많은 대가가 필요했다. 일본유학에 대한 기억은 연구를 하면서 교수에게 수없이 깨졌던 고통의 기억과 틈만 나면 사진기를 들고 건축답사를 했던 아름다운 기억이 공존한다.

연구테마로 나는 건축과 도시의 경계의 형태에 대하여 공부했다. 그리고 '경계＝건축'이라는 생각으로 지금까지 설계를 하고 있다. 건물은 항상 도시와 만나게 되고, 그 경계에는 건축물의 오 피, 사람, 도로, 녹지(자연) 등이 존재하게 된다. 그것들의 형태에 따른 변화를 분석하고 그것들을 디자인하는 것이 건축이라고 생각한다. 한국에 돌아와 몇 년간 대학교 때 스승 밑에서 다시 설계를 시작했고, 이후 대학 후배와 함께 독립하여 설계 사무실을 차려 지금까지 이어ㅈ 고 있다.

자신만의 철학을 갖자!

study
#04

2004년부터 대학교에 설계수업 강의를 나가 지금은 겸임 교수로서 설계와 가르치는 일도 하고 있다. 두 가지 일을 병행하는 것은 쉽지는 않지만, 건축을 가르치는 사람은 실제 건축을 설계해 보아야 한다고 생각한다. 요리를 만들지 않는 요리사가 있을 수 없는 것과 마찬가지이다. 학생들의 작품을 비평하면서 오히려 건축에 대한 나의 생각이 명확해지고, 새로운 아이디어나 감성을 발견하기도 한다. 가르침도 디자인을 위한 하나의 수단이라고 여겨진다.

건축과 함께해 온 나의 삶을 돌아보니 부끄럽기도 하다. 하지만 이 글을 쓰면서 쉽지 않은 건축의 길을 걸어온 나 자신의 삶에 다시 용기를 얻는다. 모형을 통해서 처음 만난 나의 건축에 대한 마음과 뜻을 잃지 말아야겠다고 다시 다짐해 본다.

마지막으로, 건축에 관심이 있는 학생들에게 당부하고 싶은 것이 있다. 보다 멀리 크게 보고 자신의 길을 개척해 가기 바란다. 자신이 건

마 교수님의
학문 이야기

축을 할지 안 할지가 중요한 것은 아니다. 더 중요한 것은 자신이 어떻게 살아갈 것인가 하는 문제이다. 적성에 맞고 흥미 있는 것이 무엇인지 찾는 것은 그렇게 어렵지 않다. 문제를 어떻게 헤쳐나가며 살아갈지에 대한 자신만의 철학을 찾는 것이 학생들이 우선적으로 생각해야 할 일이라 권하고 싶다.

건축학 관련 학과가 있는 대학들

서울	건국대, 경기대, 고려대, 광운대, 국민대, 단국대, 동국대, 삼육대, 서경대, 서울대, 서울과학기술대, 서울시립대, 성균관대, 세종대, 숭실대, 연세대, 이화여대, 중앙대, 한양대, 홍익대
	동양미래대, 서일대, 인덕대
부산	경성대, 동명대, 동서대, 동아대, 동의대, 부경대, 부산대, 신라대, 한국해양대
	경남정보대, 동의과학대, 부산과학기술대
대구	경북대, 계명대
	계명문화대, 대구공업대, 대구과학대, 영남이공대, 영진전문대
인천	인천대, 인하대
	인천재능대, 인하공업전문대
광주	광주대, 송원대, 전남대, 조선대, 호남대
	동강대, 서영대, 조선이공대
대전	대전대, 목원대, 배재대, 우송대, 충남대, 한남대, 한밭대
	대전과학기술대, 우송정보대
울산	울산대
제주도	제주대, 제주국제대
	제주관광대, 제주한라대

건축학과는 학교에 따라 건축학, 건축공학, 건축디자인, 실내건축디자인, 건축토목환경공학, 도시
건축공학, 건축설비 · 기계공학, 건축시스템학, 건축인테리어 등으로 개설되어 있습니다.
명칭이 건축학과와 관련이 있더라도 실질적으로 건축에 대해 배우지 않는 학과는 제외했습니다.
(출처 : 2017 학교별 학과정보, 대학 알리미)

경기도	가천대, 경기대, 경동대, 단국대, 대진대, 명지대, 수원대, 아주대, 한경대, 한양대 안산캠퍼스, 협성대
	경기과학기술대, 경민대, 경복대, 계원예술대학, 국제대, 대림대, 동서울대, 동원대, 두원공과대, 부천대, 수원과학대, 신구대, 신안산대, 안산대, 연성대, 용인송담대, 유한대
강원도	가톨릭관동대, 강원대, 경동대, 한라대, 한중대
	강릉영동대, 한림성심대
충청도	공주대, 남서울대, 서원대, 선문대, 세명대, 순천향대, 유원대, 중부대, 청주대, 충북대, 한국교통대, 한국기술교육대, 한서대, 호서대, 홍익대 세종캠퍼스
	강동대, 대원대, 충청대
전라도	군산대, 동신대, 목포대, 순천대, 우석대, 원광대, 전남대, 전북대, 전주대, 초당대
	고구려대, 순천제일대, 전남과학대, 전남도립대, 전북과학대, 전주비전대
경상도	경남대, 경남과학기술대, 경상대, 경운대, 경일대, 경주대, 금오공과대, 대구대, 대구가톨릭대, 대구예술대, 대구한의대, 동양대, 안동대, 영남대, 영산대, 인제대, 창원대, 한국국제대
	경남도립거창대, 경북전문대, 창원문성대

나의 미래 계획 다이어리

나를 알아보는 단계

미래 계획을 세우기 전에 나를 알아보는 것은 중요하다. 재능 있는 사람도 즐기는 사람을 당할 수 없다고 한다. 내가 가장 좋아하고 잘할 수 있는 일은 무엇일까? 자, 자신이 좋아하는 일들로 지면을 가득 채워보자!

난 게임이라면 자신 있어!
이래 빛도 고수란 말씀!

게임 얘기
할 줄 알았어.
난 놀고먹는 게
제일 좋은데
어쩌나~

보너스 문제

이것만은 절대 못 하겠다!

다른 건 어떻게 해보겠는데, 정말 하기 싫은 것이 있을 것이다.
눈치 보지 말고, 마음껏 적어보자!

본격적인 계획 단계- 목표 설정

나에 대해 알아보았으니 이제 본격적으로 자신만의 맞춤 계획을 세워보자. 먼저 자신이 무엇을 하고 싶은지 적어보자. 목표가 확실하지 않으면 계획을 진행하기 어렵기 때문에 신중히 생각해야 한다.

부자가 되는 것도 좋지만, 실현 가능한 목표를 세우는 것이 중요해. 그러기 위해서는 좀 더 구체적으로 생각하는 게 좋겠지?

나는 부자가 될 거야!

실행 단계

목표를 정했으니 이제 거침없이 계획을 진행해 보자. 자신이 세운 목표를 이루기 위해서는 어떤 일들을 해야 하는지 적어보자.

나의 목표 - 방학 동안 체중 5kg 감량

계획

저녁은 오후 7시 이전에 먹는다. → 저녁은 안 먹지만 야식은 먹었다.
일주일에 3번 이상 줄넘기를 한다. → 일주일에 3번 이상 줄만 간신히 넘었다.
군것질을 줄인다. → 군것질은 줄었지만 외식이 늘었다.

단, 계획이 잘 실행되고 있는지 수시로 체크하는 것이 중요하다!

10년 후 나의 모습

이렇게 계획을 세우는 것만으로도 마음이 든든하다. 이 든든한 마음을 가지고 10년 후 자신의 모습을 생각해 보자!

파티시에가 되어서 사람들에게
꿈과 희망도 같이 나눠주고 있을 것 같아!
상상만으로 빵 냄새가 솔솔 나는 것 같아.

와~ 그럼,
나 빵 말기
주어야 해!
공짜로~

마광옥 교수님은...

강동대학교 건축과에서 학생들을 가르쳤으며, (주)모인건축 대표로 있다.
작품으로는 서초동 K씨주택, 역삼동 씨씨주택, 원주시 아파트, 송파구 K빌딩 등 다수가 있다.

나의 미래 공부 08

MT 건축학

초판 1쇄 펴낸날 2008년 5월 20일
초판 6쇄 펴낸날 2022년 5월 30일

저자 마광옥
펴낸이 서경석
책임편집 정재은 **편집팀** 김연희
디자인 All Design Group **일러스트** 문수민
마케팅 서기원 **관리** 서지혜, 이문영
펴낸곳 청어람장서가 **출판등록** 2009년 4월 8일(제 313-2009-68호)
본사 주소 경기도 부천시 부일로483번길 40 서경빌딩 3층 (14640)
주니어팀 주소 서울특별시 구로구 디지털로 272 한신IT타워 404호 (08389)
전화 02)6956-0531 **팩스** 02)6956-0532

정가 13,000원
ISBN 978-89-93912-71-5 44540
    978-89-93912-66-1(세트)